经典科学系列

可怕的科学
HORRIBLE SCIENCE
恐怖的实验
Really Rotten EXPERIMENTS

[英]尼克·阿诺德 原著 [英]托尼·德·索雷斯 绘 成诚 译

叹息

大嚼

冒火

狂吠

嘶嘶

北京出版集团
北京少年儿童出版社

著作权合同登记号

图字:01-2011-4730

Text © Nick Arnold 2003,

Illustrations © Tony De Saulles 2003

Cover illustration reproduced by permission of Scholastic Ltd.

©2010 中文版专有权属北京出版集团,未经书面许可,不得翻印或以任何形式和方法使用本书中的任何内容或图片。

图书在版编目(CIP)数据

恐怖的实验 / 〔英〕阿诺德著;〔英〕索雷斯绘;
成诚译 . — 北京:北京少年儿童出版社,2013.1(2024.10 重印)
(可怕的科学·经典科学系列)
书名原文:Really Rotten Experiments
ISBN 978-7-5301-3298-2

Ⅰ.①恐… Ⅱ.①阿… ②索… ③成… Ⅲ.①科学实
验—少年读物 Ⅳ.①N33-49

中国版本图书馆 CIP 数据核字(2012)第 258245 号

可怕的科学·经典科学系列
恐怖的实验
KONGBU DE SHIYAN
〔英〕尼克·阿诺德 著
〔英〕托尼·德·索雷斯 绘
成 诚 译
*
北 京 出 版 集 团
北 京 少 年 儿 童 出 版 社 出版
(北京北三环中路6号)
邮政编码:100120
网 址:www.bph.com.cn
北 京 少 年 儿 童 出 版 社 发行
新 华 书 店 经 销
三河市天润建兴印务有限公司印刷
*
787 毫米×1092 毫米 16 开本 6.75 印张 80 千字
2013 年 1 月第 1 版 2024 年 10 月第 42 次印刷
ISBN 978-7-5301-3298-2
定价:22.00 元
如有印装质量问题,由本社负责调换
质量监督电话:010-58572171

目　录

引 子

科学是探索，是不断发现事物真相、揭示稀奇古怪秘密的过程。

为了揭示事物的真相，科学家们都有一件秘密武器。这件武器就是"实验"。通过实验，科学家们能给出一些你从来没有想到过的问题的答案……

甚至是你从来不想知道的答案……

但是，实验真的只属于正经八百的科学家吗？实验真的是索然无味、不能参与的工作吗？好消息来了，你现在就能做一些属于自

己的实验！

这可不是那些老掉牙的实验，这本书里充斥着各种恐怖的实验——绝对恐怖！这类实验可不能轻易尝试，除非你想把科学家们吓个半死，或者想让老师受尽折磨。这些实验能给那些稀奇古怪的科学秘密提供精彩的答案，比如：

▶ 如何在水上行走？

▶ 你的胃里发生了什么？为什么？

▶ 你的膀胱能撑多大？

▶ 蜥蜴为什么能在墙上爬？

▶ 当你把老师低温冷冻很长时间后会发生什么？

做一做这些实验，我敢保证你会度过一段绝对恐怖的时光，而且一定能从中体会到无穷无尽的快乐。但我必须警告你，做这些实验可能会让你欲罢不能，最终陷入将自己也变成科学家的危险境地。

恐怖实验的相关警告

在继续往下之前，我想先郑重鸣谢……

鸣 谢

……感谢那些愿意为本书进行这些实验的恐怖街小学的学生和老师们。现在，就让我们认识一下他们……

欢迎来到恐怖街小学

嗨，我是夏洛特，这就是我的学校。

如果你觉得这所学校只是外观有点儿吓人，那我劝你还是先见见里面的老师再下结论吧。

老师……

克鲁斯夫人是我们的校长。她总是一副火大的样子，好在我们见到她的机会不多……

本生先生是我们的老师，他有点儿乏味，但他教的实验的确不错。

菲特小姐是我们班的助教。她只要不是在忙着吃东西，就能给我们一些帮助。

大喊

开膛手

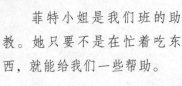

狂吠

格鲁普太太是我们的大厨。她几乎和克鲁斯夫人一样吓人。

小心恶狗……

…………

镰刀爪

还有坏猫。

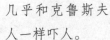

滴答

学生……

夏洛特
（就是我本人）

贝基能把所有东西都变成艺术品。她给老师画的漫画绝对一流！

偷笑

瞌睡

山姆努力地想要取得好成绩。当然，本生先生看出来他已经尽力了。

邪恶计划……

"整蛊专家"托马斯是个很坏的阴谋家。

汉娜有些可怕的坏毛病。

抠

卡蒂总是一副病恹恹的样子。不过千万别被她的外表给骗了，她搞怪的能力和我们一样强。

咧嘴笑

担心

内森是本生先生的"宠儿"，难怪他有些神经质。

狠揍

克洛伊喜欢萌萌的小动物，虽然它们并不都喜欢她。

吧嗒嘴

詹姆士总是还没吃完就饿了……

哗啦啦

"钱串子"马特满脑子都是赚钱的想法，这让他兴奋不已。

以上就是需要感谢的人，每个人都是。现在，让我们开始实验吧。哦，等等，这本书被一位科学安全警察给叫停了……

马上停下来！先别读这本书，站到一边先看看这条重要声明！

这本书讲的是实验本身，而不是教你如何……

蠕动　喷淋　喂食

……虐待动物、小弟弟或者家养宠物的。书里还会有一些针对老师的"野蛮"手段，但这都是为了科学和教育（也为了笑得开心）。

另外，不要使用……

▶ 电；

▶ 开水；

▶ 火焰、火柴或汽油——更不要把这3样东西放在一起使用。

这就是你把火柴、火焰和汽油组合以后产生的结果！

在你做实验之前，一定要仔细阅读实验说明，确保你已将所需材料准备齐全。书中的很多实验都注有危险标志，花点儿时间搞懂这些标志的含义。

注意粗心导致割伤

很显然，作为一名可怕的科学家，你需要找一个成年人帮你完成剪切的工作，这样才能让他们置身危险之中。如果他们真的弄伤了自己，你就可以严厉地批评他们太粗心，并命令他们不要把血流得哪儿都是，搞糟你完美无瑕的实验。

一些成年人做起实验来总是弄得脏兮兮的，这个标志是警告他们在做这些实验时要垫上报纸或者到室外进行，并且在实验后要马上清理干净。当然，就是不提醒，你也会这样去做实验的，不是吗？

下一个需要注意的标志是左边这个，它会提醒你该实验具有危险的性质。这个标志只是为了吸引成年人的注意力，让他们知道这是个有危险的实验。这样，当他们在你睡觉后偷偷地做实验时，就会懂得尽量保护自己。

那些需要技巧的实验旁边都标有这个标志，因为成年人一旦做不成某件事情的话，就会发脾气。如果你看到这个标志，就找个成年人站到边上，让他见识一下你是如何轻而易举地完成实验的……

好了，现在你可以看这本书了，祝你好心情！

我想最好还是按部就班地开始。不过，亲爱的读者，你最好小心一些。下一章是关于人体的实验，它的内容可是血淋淋的啊……

谁看见我的手指头了？

血淋淋的人体实验

　　你或许认为自己的身体只是一副摇摆走动的皮袋子，里面充满了血液和内脏，还有一些你在科学课上学过但死活也想不起名字的神秘小零件。当然，你想的没错。但是，你的身体里其实还充斥着一些既糟糕又迷人的科学秘密。由于地球上有超过 70 亿个活人，从中找一个来供你做实验是件轻而易举的事儿……实际上，你甚至可以用自己来做实验！

　　现在，我们雇了个人去恐怖街小学看看……

恐怖小鬼——胃肠克星

　　这个故事讲的是，格鲁普太太成功地搞糟了学校的午餐，让本生先生的胃受尽折磨——而事情发生时，本生先生根本就没吃那顿饭！

午餐期间

这比萨饼变质了。

这鱼臭烘烘的。

但……格鲁普太太会逼着我们把这些东西都吃下去的。

这都生胃里的本的型面吧！

我们把这些吃到生模先部藏的。

于是……

可是这胃却受不了了！

食物解决干净了！

也许这片消食片能帮忙！

快跑呀！它要爆了！

这里发生了什么？

碎

呃！

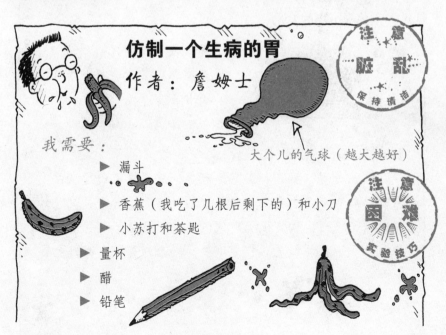

仿制一个生病的胃

作者：詹姆士

注意　脏乱　保持清洁

注意　困难　实验技巧

大个儿的气球（越大越好）

我需要：

▶ 漏斗

▶ 香蕉（我吃了几根后剩下的）和小刀

▶ 小苏打和茶匙

▶ 量杯

▶ 醋

▶ 铅笔

我的做法：

1. 把气球充气后再放气，反复多次，直到它松懈得软塌塌的为止。

松弛

新气球

2. 然后，将气球口套在漏斗管上。

3. 把香蕉切成小块放到漏斗中，可以用铅笔末端把香蕉块杵进气球里。这样一来，气球就不再是"胃里没食饿得慌"了。

4. 挤捏气球，把里面的香蕉块弄碎。感觉真恶心！

漏斗

气球

鼓起瘪下

5. 接着，通过漏斗往气球中加入两勺小苏打。

6. 再向气球里灌50毫升的醋。注意必须保持气球口紧箍在漏斗管上，以防有东西漏出来。

我的发现：

"气球胃"里开始有气泡产生，随之慢慢鼓起来并发出嘟嘟的声音。当我把气向外放的时候，"气球胃"开始打饱嗝了；而当我挤压气球的时候，它竟然把消化了一半的香蕉喷得到处都是。打那以后，一想到香蕉，我就会觉得恶心。

实验背后的科学

消化是你体内的消化器官将食物分解成化学物质的过程，它能使你获得能量，帮助身体成长。

1. 一个真实的胃一次能消化 1.5 升的食物糊糊，里面混合了滑溜溜的小卷心菜球、黏糊糊的肉汁和质量很差的食堂提供的蛋羹。真是美味呀！

2. 食物被牙齿嚼碎，经喉咙吞咽后，由胃负责把它们搅拌混合成糊糊。当你压碎气球中的香蕉时，就是在完成胃的工作。

3. 实验中我们是把醋灌进了气球，而真正的胃能产生胃酸，把食物变成又黏又湿的浆状物。

4. 胃的顶部和下端的开口由一种称为括约肌的肌肉控制着，它能把胃封闭起来，防止你在胃部受挤压时把食物喷出来。而你的气球上没有括约肌，所以你必须扭紧气球的开口。

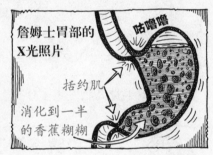

詹姆士胃部的 X光照片
咕噜噜
括约肌
消化到一半的香蕉糊糊

5. 当你打嗝时，气体会从胃中被释放出来。在前面的漫画中，消食片的作用就像醋和小苏打一样，它能制造气体，让胃鼓起来。

6. 当你恶心的时候，胃部肌肉就会向内挤压，和你用手挤压气球一样。当肌肉挤压得太用力时，我们就会呕吐。所以，要与爱呕吐的小弟弟小妹妹们保持安全距离。

恐怖小鬼——厕所酷刑

你是否曾经在上课的时候想要上厕所？詹姆士现在就特别想去！午饭时，他喝了太多吱吱作响的汽水，现在他真的憋不住了！

但他体内究竟发生了什么呢？

要是詹姆士举手请求上厕所，本生先生又会说些什么？

你肯定不知道!

你的尿都贮存在膀胱里。当你紧张的时候,富有弹性的膀胱内壁会变得僵硬、失去弹性。所以,你会感觉膀胱胀胀的。这就是为什么你在极端紧急的时候,会一溜烟儿地跑到厕所去,甚至在厕所里跳着等位置。

你的下半身究竟发生了什么? 现在,你有机会去搞明白了……

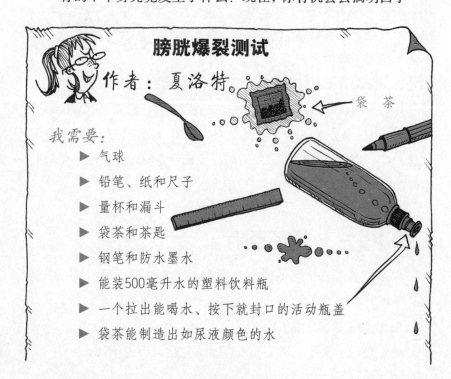

膀胱爆裂测试

作者:夏洛特

袋 茶

我需要:

▶ 气球
▶ 铅笔、纸和尺子
▶ 量杯和漏斗
▶ 袋茶和茶匙
▶ 钢笔和防水墨水
▶ 能装500毫升水的塑料饮料瓶
▶ 一个拉出能喝水、按下就封口的活动瓶盖
▶ 袋茶能制造出如尿液颜色的水

我的做法：

1. 把气球充气后再放气，多反复几次，直到气球变得皱巴巴的。测量气球的宽度，并记在一张纸上。

空的膀胱……我是说"气球"

没有尿=5厘米
100毫升=
200毫升=
300毫升=
400毫升=

5厘米

2. 向量杯中注入400毫升水。把袋茶放到水里，用茶匙搅拌，直到水变成尿液般的颜色。然后，扔掉袋茶。

尿来了！

3. 把泡好的茶水通过漏斗往饮料瓶里灌入100毫升。然后，把瓶子底朝天倒放，在瓶子外壁上做个记号，记下100毫升的水位。

4. 重复第3个步骤，分别使瓶中水量达到200毫升、300毫升和400毫升，并在相应的位置上做下记号。这样我就能用这个瓶子算出水量的多少了。

5. 把气球的开口紧紧套在瓶口上，严丝合缝。把瓶子倒过来，向气球里挤进100毫升水，测量并记录气球的宽度。

6. 持续每次100毫升地向气球中注水，直到气球中有400毫升水。

我的发现：

随着"尿液"的注入，气球逐渐鼓了起来，变了形。最

后，我把"气球膀胱"中的"尿液"都倒在水槽里了。噢，太棒了！就像是有人在那儿撒了一泡！

实验背后的科学

1. 尿液中的大部分物质都是肾从血液中过滤出来的水分。

2. 茶和咖啡会让人尿尿的次数增多，因为它们都含有一种叫作"咖啡因"的物质，能让人的血管舒张。这就意味着，有更多的血液通过你的肾，从而有更多的水分被送到膀胱中。

3. 即使在正常的状态下，两个肾也能以每分钟 1.4 毫升的速度制造尿液并将其送到膀胱中，最终导致一些尴尬事件的发生……

让我们想象一下这样一堂科学课……你正在认真地听讲，可你的膀胱里却充满了午餐时间痛饮下的柠檬汁……

100毫升 你会感到有点儿不舒服。你在想：嗯，也许我该在课前去趟厕所来着。

200毫升 你更不舒服了。我该举手要求去厕所吗？你犹豫着，体内的膀胱鼓起来了，从皱巴巴像梅子一样大小的袋子鼓胀成一个直径有 10 厘米大小的气球。

300毫升 你觉得自己必须站起来扭动一下身体才行，于是你举手请求，可你的老师却说……

不行！你得等到下课！

400毫升 除了抱着最后的希望，让老师改变决定以外，你只能准备一个水桶和一个拖把来处理"后事"了！

恐怖小鬼——唇印疑案

本生先生发现有人把他新冲的咖啡喝得一滴不剩，而他秘密保存的小面包也被人咬了几口。这事儿的后果很严重，只有关于嘴唇和牙齿的科学才能摆平此事……

如何得到唇印和齿痕

作者：卡蒂

我需要：

▶ 一些唇膏（我花了好久才找到合适的颜色）

▶ 一张纸

▶ 一根擀面杖

▶ 一小块黏土或蓝丁胶

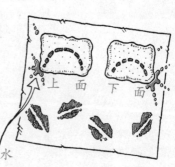

啊，很漂亮！

我的做法：

1. 在自己可爱的嘴唇上涂些唇膏。

2. 然后，轻轻地把嘴唇印在纸上。

3. 用擀面杖把黏土擀成0.5厘米厚的薄片，并把黏土片放在嘴里，用牙咬一下——别太用力。

4. 这样一来，我的唇印就印到了纸上，而黏土片上也有了我上下颌的牙印。

上 面　下 面

沾的口水

我的发现：

1. 我的唇印和齿痕都和夏洛特的不同。当然了，我的更漂亮。

2. 山姆在做这个实验的时候，差点儿把黏土吃了下去——绿色的土渣都塞进了他的牙缝中。这么做绝对不行！

实验背后的科学

1. 没有谁的唇印会和你的一样，也就是说，和指纹一样，每个人的唇印都是独一无二的，不存在唇印相同的两个人。

2. 这里有一些常见的唇印类型……

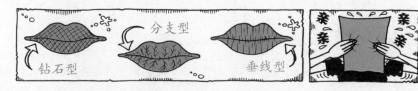

钻石型　分支型　垂线型

3. 每个人牙齿的排列也是独一无二的，它的样子取决于……

▶ 有多少颗牙齿；

▶ 每颗牙齿有多大；

▶ 牙齿的生长方式，有些牙生长的角度会与众不同。

4. 我们借来了克鲁斯夫人的假牙，向你展示一下不同牙齿的功能……

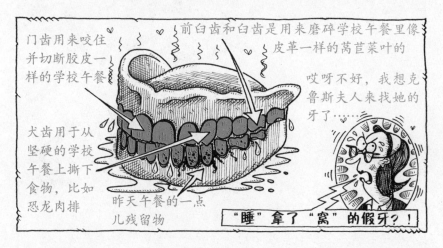

门齿用来咬住并切断胶皮一样的学校午餐

前白齿和白齿是用来磨碎学校午餐里像皮革一样的莴苣菜叶的

哎呀不好，我想克鲁斯夫人来找她的牙了……

犬齿用于从坚硬的学校午餐上撕下食物，比如恐龙肉排

昨天午餐的一点儿残留物

"睡"拿了"窝"的假牙？！

恐怖小鬼——屁股上长刺

你是个坐得住的人，还是个好动的人？就人类的能力而言，真的可以纹丝不动吗？先听本生先生说一说他知道的答案……

我能在这个装着蝎子的箱子里待上几个小时。

被惊得鸦雀无声

啊？

呀！

但是，托马斯把痒痒粉撒了本生先生一身……

我得出去！

如果托马斯没有滑倒，本生先生也许真能纹丝不动地待上几个小时甚至几天。但是，肌肉绝不可能纹丝不动，关于这一点，内森即将证明……

我的蜇人蝎子实验

作者：内森

哆嗦哆嗦

我需要：

▶ 一只玩具蝎子

▶ 一块小地毯

▶ 一大块蓝丁胶

▶ 一条能箍在我脑门上的松紧带

▶ 一枚曲别针

▶ 一支细画笔

我的做法：

1. 把玩具蝎子放在小地毯上，这块小地毯就相当于装蝎子的箱子。我会坐在上面，目标是能坐多久就坐多久。当我坐下来盯着玩具蝎子看的时候，我的心脏剧烈跳动着。我想知道，如果那是一只真蝎子会是什么状况？

2. 预先把蓝丁胶粘在松紧带上，然后把松紧带箍在我的头上，这样就把整块蓝丁胶固定在我的额头上了。

3. 接着，把曲别针穿到画笔杆上，把画笔末端插进蓝丁胶中，它看上去就像从我的前额伸出来似的。

摇摇晃晃

妈呀，紧张死我了！

4. 我试图hold住画笔的杆，好让曲别针保持不动。

我的发现：

不一会儿，曲别针就开始晃动了。唉！这说明我动了。如果我的动作幅度太大，我就会被蝎子蜇到。幸运的是，就在这个节骨眼儿上，家里的狗跑过来叼起蝎子跑走了。是你救了我，好伙计！

告忧心忡忡的读者

别害怕！内森只是腹肌发颤而已。谁也不会因为小小的颤动就被蝎子蜇伤的。

实验背后的科学

即使在你觉得自己纹丝未动的时候，你的身体也会有极细微的动作。比如你的眼睛会眨动，你的肌肉会颤动，而且你也根本不可能阻止这些动作的发生。你的血管也会因为轻微的搏动，将血液传遍全身。

你肯定不知道！

真的有人曾经和活蝎子群待在一个大箱子里：2001年，马来西亚的一位女子与2700只蝎子一起度过了30天；2002年，另一位女子在泰国与3400只这种带着毒针到处乱窜的小东西度过了32天。我敢说，她在完成这个挑战后急需到处走走，好好散散心。

恐怖小鬼——坏味道

现在，请快速扫一眼这本书的封面：几个恐怖街小学的学生正在本生先生身上做一个"索然无味"的实验。他们真会这么离谱吗？当然不会！接下来你就会看到这个实验。我相信你一定会"难以下咽"的……

你肯定不知道！

如果两个人吃同样的食物，他俩尝出的味道一定会有细微的差别，这是因为每个人的唾液都会让自己的味觉和别人的有那么一点儿小差异——比如说，有的唾液会让人感觉更咸一些，狂吃时分泌的唾液会让食物变得更美味。所以说，如果你把自己的口水喷到别人正在吃的东西上时，他们会尝到与往日不同的味道。哦，别在家里做这个实验，也别在学校里做！

"索然无味"的实验

作者：詹姆士

我在问自己：是否该接受这个实验任务？

注意
粗心导致
割伤

我需要：

▶ 一个遮眼罩（一块布条也行）

▶ 本生先生（也可以在自己的朋友身上做这个实验）

▶ 两片土豆（格鲁普太太切好了的）

▶ 一大杯水

▶ 两片苹果（也是格鲁普太太切好了的）

▶ 黑醋栗酱、橙子酱和柠檬汁各一小杯

我的做法：

1. 蒙上本生先生的眼睛，让他捏住自己的鼻子。

2. 先请本生先生吃一片土豆，然后问他觉得自己吃的是苹果还是土豆。他说吃的是苹果！接着，请本生先生用水漱口，清除留在嘴里的味道。

3. 再给本生先生吃一片苹果，他却以为是一片土豆！

先后将剩下的苹果片与土豆片递给本生先生吃，但这次让他松开鼻子边闻边吃。这回他都说对了。

4. 接着，请本生先生捏着鼻子喝一小口黑醋栗酱，漱口后再吃一口橙子酱。结果，他区分不出黑醋栗酱和橙子酱。

真难吃！

5. 然后，让本生先生喝一口柠檬汁，这回，即使本生先生捏着鼻子，也马上知道了自己喝的是什么。

我的发现：

1. 大多数时候，你需要尝一尝并闻一闻才能知道吃的食物是什么。

2. 我知道柠檬汁非常酸，但我还是用它来做测试。嘿！本生先生不用鼻子帮忙，仅靠舌头就尝出了它的味道。

3. 后来，夏洛特、汉娜、托马斯和马特给本生先生吃了更多可怕的食物。我必须声明，这可根本不关我的事——虽然这个实验一直都很有趣，直到本生先生的脸色变绿，开始哇哇地呕吐为止！

实验背后的科学

1. 很多时候，你认为自己是在"尝"食物，但实际上你是在"闻"食物。你舌头上黏稠的唾液能将部分食物分解成化学物质，一方面，你的味觉会感知到这些物质；另一方面，这些化学物质会飘送到你的鼻子中，被你的嗅觉捕获到。

2. 你的嗅觉的敏感程度远远大于你的味觉的敏感程度。正是因为这个原因，当你不能用鼻子闻的时候就很难知道吃的是什么了。

3. 这也可以解释为什么当你感冒鼻塞的时候，吃饭会觉得没滋没味的。

4. 当你闻到食物的气味时，多半会刺激唾液的分泌，这有助于你更容易地品尝出食物的味道来。如果你在吃之前没有闻到什么气味，你的口水自然不会分泌很多，吃起食物来也很难尝出味道。

5. 数十年前，人们以为舌头的不同部位能够感知不同的味道。实际上，舌头的每个部分都能感知味道。科学家们还发现了一种新味道，叫"鲜味"。

我们为这个章节作了一个符合其恶心程度的小总结，这是第一套可怕的小测验……你真的要继续看下去吗？

恶心小测验 1

感觉恶心吗？你一定会的！说一说下面哪些实验是真实的人体实验，哪些是编造出来的不可能真实存在的恐怖实验？

1. 用塑料保存尸体。

2. 用蛋奶酱保存尸体。

3. 听音乐能预防感冒。

4. 研究红发女孩是否比其他女孩对疼痛更敏感。

5. 对老师和黑猩猩的大脑做比较研究。

答案

1. 真的。德国科学家冈瑟·冯·哈根斯在1978年发明了这种方法，他还用这种方法做了一个恐怖的展览，将分割后的肢体、大脑、肝脏和肺脏摆放出各种"有品位"的造型作为展品。

2. 假的。据我所知，即使是在最为恐怖的学校午餐中的蛋奶酱里，也没有人发现过尸体。

3. 真的。1998年，美国科学家发现，在快乐的时候，人体能产生更多的与病毒战斗的物质，而听音乐能让身体感到快乐。参与实验的志愿者们纷纷伴着音乐流口水。这是真的，他们边听音乐边吐唾沫。科学家们把这些唾沫收集起来，测量其中所含有的抗病毒化学物质。

4. 真的。在2002年，美国肯塔基州的科学家发现，红头发的女孩比金发和其他深色头发的女孩对疼痛更敏感。科学家们是使用轻度电击的方法来测试的。你可别犯坏哦，把小妹妹用电线绑在圣诞树上的做法绝对不行！

5. 假的。众所周知，黑猩猩可比老师要高等……哦，我是说低等多了。

如果你的智力高于类人猿的平均水平，你就接着读下去吧，因为在下一个章节中，我们将聚焦于大脑。

莫名其妙的大脑实验

我们专门用一章来介绍大脑，是因为它对身体来说相当重要……

作为一个刚刚接触科学的新手，你需要大脑来帮你阅读这本书。如果你没有大脑，那你的科学作业可就不仅仅是困难了，它将会是你不可能完成的任务。

管它呢，为什么不抛开家庭作业的事情来读一下这章的内容呢？这可是件放松大脑的好事儿，保证你能理解里面的内容。而且，还不会让你脑仁儿疼……（编者的话：关于脑袋的玩笑到此结束，言归正传！）

恐怖小鬼——恐怖"照片"

贝基是个艺术型人才，现在她灵光闪现，想到了一个吓死人的万圣节设计！这个主意太有才了，本生先生的魂儿都快被吓飞了……

超市里……

今天是周末，不用面对学生——没有比这更好的日子了！

麦片 麦片 麦麦麦麦麦麦

嗨，本生先生！

麦 麦 麦 麦 麦

啊！

本生先生被这张人脸图片吓毛是有原因的，科学的解释是：

1. 他没有一点儿思想准备。

2. 这张脸真的很吓人，你会在后面知道原因。

3. 本生先生的大脑对这张脸有特殊的敏感点。

你肯定不知道！

你的大脑总是在搜寻人脸，这就是为什么你能在很多奇怪的地方找到脸部图像的原因。你能从云彩中看到人脸，也能在教室发霉的墙壁上找到酷似人脸的斑驳印迹。1976年，一些天文学家惊呆了，因为他们认为自己在火星的一座山上看到了外星人的脸部图形。

哟，真恶心！看看这外凸的眼球、鹰钩鼻子、大嘴巴和满嘴的烂牙！

那是我，你这个笨蛋！我还没有擦完镜片呢！

现在，就让我们看看为什么贝基的照片这么吓人……

制作恐怖照

作者：贝基

注 意
粗心导致
割 伤

我需要：

▶ 一张脸部特写的大照片（我用的是自己的照片，就是妈妈在影楼为我放大的那张，我本可以从杂志上剪一张的，但是老爸正看着呢）

▶ 一面镜子

▶ 剪刀

▶ 胶水

▶ 一张和照片同样大小的纸

▶ 一个朋友

我的做法：

1. 把镜子沿着照片上脸部的纵轴放置，就像右图一样……

我看这边的照片……

镜 子

2. 把照片上的眼睛和嘴巴剪下来，就像这样……

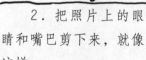

3. 再把这张脸的照片粘在一张纸上。然后，把剪下来的眼睛和嘴巴贴回原处，注意要把它们上下颠倒着贴。

4. 我把制作好的照片倒过来拿给卡蒂看。

我的发现：

1．看镜子中反射的左半边脸时，感到有些奇怪而且有点儿吓人。

2．当脸部轮廓不变，而眼睛和嘴巴被上下颠倒后，看起来更吓人了。

3．可是，当我把这张照片倒着给卡蒂看的时候，她觉得并不吓人，认为看上去挺正常的。

实验背后的科学

1．人的大脑分为左右两个半球。大多数人是靠左脑来处理概念和数学方面的问题，用右脑来处理想象和艺术类的问题，包括那些难以处理的感情问题。

2．想象自己正在看一个人的脸。通过收集眼睛传来的具体信息，你的大脑中会形成一个脸部的画面。但是，每一侧的脸颊是分别在不同的大脑半球形成图像的。哼，不知道你怎么想，反正我的大脑的两个半球很难理解这个。看看下面这张图片是否能帮上忙……

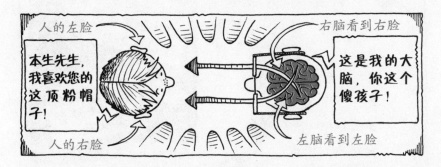

3．虽然左脑很聪明，但它并不擅长鉴赏容貌和评判感觉。贝基在第一步骤中就是用左脑看自己的左脸的，所以她会感觉很奇怪。

4. 你的大脑在记忆人脸的时候是作为一个整体工作进行的。人脸上的眼睛和嘴巴是表情最丰富的器官，所以大脑对它们也更加关注。如果眼睛和嘴巴看上去有什么不对劲，那么整张脸就会显得一团糟；如果眼睛和嘴巴看上去还不错，即使脸部轮廓被上下颠倒了，大脑也会觉得没有什么特别奇怪的地方。我相信你从没想到：看张人脸竟是这样复杂的事情！

恐怖小鬼——疯狂面具

既然说到脸，那就看看下面这两张脸吧。哪一张对你的大脑更有冲击力？

可怕的脸
——恐怖面具

可怕的脸
——老师的脸

这个老师绝不是克鲁斯夫人。不过，当你把这个面具挂在对面墙上的时候，你的脑海中就会发生一些奇怪的事情。自己做一下这个实验，看看究竟发生了什么……

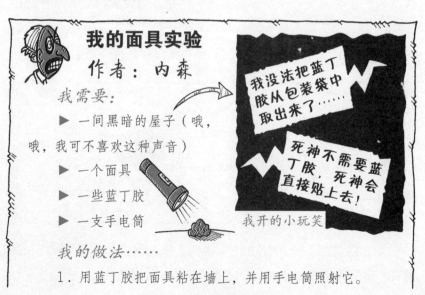

我的面具实验

作者：内森

我需要：

▶ 一间黑暗的屋子（哦，哦，我可不喜欢这种声音）

▶ 一个面具

▶ 一些蓝丁胶

▶ 一支手电筒

我没法把蓝丁胶从包装袋中取出来了……

死神不需要蓝丁胶，死神会直接贴上去！

我开的小玩笑

我的做法……

1. 用蓝丁胶把面具粘在墙上，并用手电筒照射它。

2．看上去，这个面具就像是从墙里冒出来的一张吓人的脸。说实话，我害怕极了。

3．然后，我把面具翻转一下，让它面朝着墙，似乎这样可以让它消失。

4．我又用手电筒照射了一下面具，发现……

啊！

我的发现：

啊呀！看上去，这个面具还像脸朝外一样。难道它自己又转过来了？……也许它是活的？！我得逃离这里！

实验背后的科学

1．还记得大脑是如何鉴别面孔的吗？只要这是一张正常朝向的脸就不会出问题。

2．但是，大脑对于鉴别那些不同于平常习惯的情景并不在行。所以，当你从背面看面具或脸谱的时候，大脑还是按"老规矩""看到"了正面的脸。

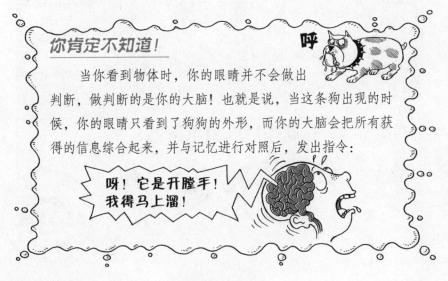

你肯定不知道！

呼

当你看到物体时，你的眼睛并不会做出判断，做判断的是你的大脑！也就是说，当这条狗出现的时候，你的眼睛只看到了狗狗的外形，而你的大脑会把所有获得的信息综合起来，并与记忆进行对照后，发出指令：

呀！它是开膛手！我得马上溜！

恐怖小鬼——电影的花招

一次观看科教影片的外出活动变成了本生先生的噩梦。好在他至少让学生们明白了电影是如何形成画面的！

30

我的做法：

1．请妈妈帮我把下一页的漫画复印一份，这些漫画必须被复印在一张薄卡纸上。当然，我也可以照着书描下这些漫画，或者自己创作。

2．逐格剪下每一幅漫画，叠放整齐，制成我的"电影书"。依顺序将编号为1的漫画放在最上面，编号为16的放在最下面。

3．用两枚曲别针把它们固定在一起。

4．快速翻动我做的这本小书……

我的发现：

哇！我看到了一部小电影，本生先生的脑袋上被扣上了一碗格鲁普太太做的蛋羹。我给学校里的所有人都看了这个作品，他们都觉得棒极了！可是本生先生看到了它，竟然给我留了超多的科学作业作为惩罚。

实验背后的科学

1．本生先生已经解释了漫画变成电影所包含的科学道理。

2．当你在看电影的时候，大脑看到了银幕上的所有画面，并且用逻辑来理解画面的内容。

3．但是，就像本生先生说的那样，所有画面都是一闪而过的，大脑看到的不是数千张独立的画面，而是动态连续的画面。

恐怖小鬼——立体视觉

你的大脑不仅能够胜任动态效果，它还是判断距离的天才，这也是你能够看到立体景物（3D）的原因。

你肯定不知道！

实际上，当你看东西的时候，你的大脑会接收到两个画面——它们分别来自你的两只眼睛。而最后你只看到一个画面，那是因为你的大脑把之前的两个画面进行了叠加处理。如果大脑不能做好这个叠加工作，你就会看到重影。

制作3D版克鲁斯夫人

作者：贝基

我需要：

▶ 我的眼睛

▶ A4纸

▶ A4纸大小的卡纸

▶ 剪刀

我的做法：

1. 我画了两张克鲁斯夫人的漫画像，请妈妈把它们复印了一份。

漫画A

漫画B

2. 然后，我把复印件上的两张漫画剪开，开始实验……

3. 我将鼻子贴在卡纸上，发现我能用左眼看到漫画A，右眼却看不到。

漫画A

将A4卡纸直立，让它的边缘沿着虚线放置

纸

4. 当我放松眼睛后，发现在右侧又出现了一张漫画A的影像。此时，我把漫画B放到右边，替代这个影像。（把A4卡纸抬高一点儿才能把漫画B放在那里。）

我的发现：

这两张漫画叠加到了一起。我看到了3D版的克鲁斯夫人！就像她本人一样吓人。这个实验太棒了！

实验背后的科学

1. 当你看到那两张画作时，你的大脑就开始努力工作，平时也是如此。它会将同一视野中的两张略有不同的画面叠加到一起，制造出一幅立体影像。而这两幅略有不同的画面通常正好是你的两只眼睛分别捕捉到的。

2. 双眼看到的画面有相当一部分是重合的，这被称作"双眼视觉"。大脑可以将重合的影像合成为立体影像，从而带给你纵深感，帮助你判断出真实的距离。它很聪明——是吧？

你肯定不知道！

兔子和人类有很大的区别，嘿，我指的可不是兔子会津津有味地吃自己的便便，而我们人类不会。（这的确是个很大的不同，但并不是我想要说的。）

兔子的两只眼睛长在头部的两侧，而人类的两只眼睛长在前面。兔子有很宽广的视野，但两眼看到的影像并没有太多重合的部分。也就是说，兔子没有立体视觉。

恐怖小鬼——镜子的困惑

镜子会迷惑你的大脑，也会在科学测试中起到迷惑作用，本生先生很快就会知道这一点……

第二天……　　　　他们看到……

看看镜子里的字，小家伙们……

科学附加考试

天哪！

用镜子画画

作者：卡蒂

真漂亮！

我需要：

▶ 下一页中的怪物迷宫

▶ 一面镜子

▶ 一支铅笔

▶ 沿长边对折后剪开的A4纸

▶ 一根长度足够箍在我额头上的松紧带

▶ 一支记号笔

我的做法：

1．我让妈妈帮我复印了迷宫图。我得自己走一下这个迷宫，看上去很难的样子。

2．我把镜子垂直放在迷宫图旁边，眼睛看着镜子里面，手中试着用铅笔在纸上走出迷宫。

3．下一个实验。我把头发扎在脑后，把纸条围在我的前额，然后用松紧带箍好。

4．我拿起记号笔，闭上眼睛，在前额的纸上写我的名字。我写得很快，都没来得及去想自己在写什么。多亏我是个写字快的人！

5．我睁眼看着镜子中的自己。"哇！太神奇了！"我感叹道。我并不是在赞赏我可爱的外表——我是为我刚才写的字惊叹！

使用镜子来读下面的文字!

你能帮助这个怪物回到弗兰肯斯肯泰男爵的城堡并躲开路上的其他怪物吗?

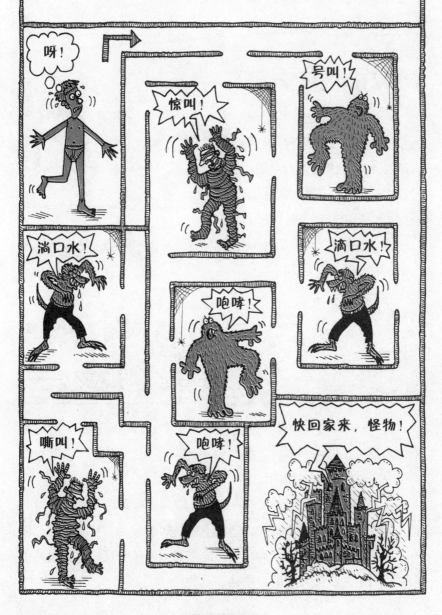

我的发现：

1. 这个迷宫真的很难，我总是走错路，差点儿就让怪物抓到了。

2. 当我在前额上写字时，我发现必须用"倒书"的方式写下自己的名字，还不能多想！可问题是我不可能不去想！

实验背后的科学

1. 镜子能反射光线，但是是将左侧的入射光线反射到右侧，将右侧的入射光线反射到左侧。也就是说，你从镜子中看到的像是左右颠倒的。明白我在说什么吧？

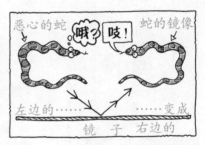

2. 这些把你可怜的小脑筋彻底搞乱了，尤其是当它要给握着笔的手发送指令的时候。

3. 你已经能很熟练地写出自己的名字，对吧？这件事对你来说太轻松了，想都不用想就能完成！实际上，在"前额写字"这个环节中，你就是这么做的。

4. 你的脑中有一个部分被称为小脑，它控制着那些为你所熟知、下意识就能完成的动作。但是小脑只知道规范书写时如何写你的名字。当你在前额写字时，笔画的书写方向是相反的，也就是说你写的名字是反向完成的。没错，这就是"倒书"。

恐怖小鬼——蟑螂鸡尾酒

这是一个关于人类表情的实验——尤其是你读这本书时遇到那些令人恶心的章节时所露出的那种厌恶的表情。本生先生端起了一杯苹果汁，可让他完全没想到的是，里面居然有一只死蟑螂。

你肯定不知道！

1. 你可以做出各种不同的表情，因为你的脸上有很多肌肉在帮你，比如：

▶ 有2对肌肉帮你开合鼻孔；

▶ 有4对肌肉控制下颌；

脸部肌肉

有什么好看的？你皮肤下的那张脸也是这样哦！

▶ 有7对肌肉控制嘴唇的动作。

2. 科学家们估计人脸能做出大约7000种不同的表情。

制作恶心的饮料

作者：托马斯

我需要：

▶ 苹果汁

▶ 一个玻璃杯

▶ 两个朋友

▶ 一只蟑螂（从玩具店或搞怪商店买的）

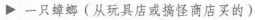

真恶心！

我的做法：

1. 把苹果汁倒进杯子里。

2. 把玩具蟑螂扔进去。

3. 然后端给马特和詹姆士。观察他俩的表情。

我的发现：

1. 他俩都由于感到恶心而使脸上的肌肉有些扭曲。实际上，我放到苹果汁中的东西是什么并不重要，因为我还试过把玩具虫子、很酷的夜光玩具蜘蛛放进去，结果没人会碰这杯饮料！后来，我把虫子、蜘蛛和蟑螂都放了进去……

2. 我的小弟弟喝了那杯饮料。

哦！真恶心！

用力吸

注意 危险

事先把吸管放在饮料杯中，确保小孩子不把虫子喝下去。

实验背后的科学

1. 人类是通过大脑指挥来表达情感的，尽管这些情感可能会很复杂，而且常常掺杂在一起，但是科学家们认为人的情感主要有6种。任何一种情感都会在你的脸上表现出来，看看恐怖街小学孩子们的脸就知道了……

a) 惊 讶

b) 高 兴

c) 愤 怒

d) 悲 伤

e) 恐 惧

f) 恶 心

2. 精神病研究所的科学家们发现，人们在感到恶心时的表情都一样。他们是通过让人看被堵塞的坐便器照片后得出这个结论的。

3. 蟑螂实验的灵感来自美国科学家保罗·罗兹的实验。他给小孩子"便便"和放有"蟑螂"的饮料，看他们是否会去吃喝。几乎所有的孩子都感到恶心，坚决拒绝，只有一个婴儿真的吃了"便便"！好在实验中的"便便"其实是美味可口的巧克力蛋糕。你想冒险尝一口吗？

4. 保罗的实验显示，孩子只有到了 3 岁以后才知道有些食物很恶心。嗯，这挺有意思，我一直以为只有吃过一口学校的午餐后才知道有些食物是恶心的。

恶心小测验 2

你的脑子还在嗡嗡作响吗？你的大脑是像科学家一样聪明，还是和学舌的鹦鹉不相上下？借这个机会来鉴别一下吧。下面这些问题都基于真实的实验，你的大脑能找到答案吗？

1. 2000 年，一个男子打扮成球迷的样子，假装受了伤。接下来发生了什么？

a）没有人帮他

b）两支球队的球迷都跑过去帮他

c）只有与他同一队的球迷去帮他

2. 2001 年，一位科学家尝试着做了一套原本专为黑猩猩设计的记忆测试，结果如何？

a）黑猩猩攻击了这位科学家，把香蕉塞到她的嘴里，不让她回答问题

b）科学家战胜了黑猩猩

c）黑猩猩战胜了科学家

3. 有一位科学家在 2002 年时读了很多笑话书，为什么？

a）因为他感觉很无聊

b）他在寻找世界上最差劲的笑话

c）他想弄清楚为什么笑话能让人发笑

4. 一个科学家把脑电波测试仪与酸橙果冻连接在一起。他发现了什么？

a）这个酸橙果冻绝对是死的

b）当别人对着酸橙果冻说话的时候，它会晃动

c）仪器测试结果显示这个酸橙果冻是活的

5. 一个科学家花了两年的时间，想要找到学龄前儿童尖声大笑的原因。是什么原因让他们发笑的？

a）他们会毫无原因地发笑

b）大喊一声"臭屁屁"

c）a）和 b）都对，还有很多其他原因

答案

所有问题的答案都是 c），你不用费劲去看太多字就能知道自己的分数了。

1. c）利物浦队的球迷是不会帮助任何一个穿着曼彻斯特联队球衣的人的。你能相信吗？！

2. c）科学家苏珊·布莱克摩尔在一项数字记忆测试中，得分低于一只生活在日本的黑猩猩。

3. c）格雷姆·里奇想知道，如果调换了笑话中的词句顺序，笑话是否还会好笑。下面，我们也来试试……

第一次：为什么本生先生是斗鸡眼？——因为他hold不住他的瞳孔！——哈哈！

第二次：为什么本生先生是斗鸡眼？——因为他的瞳孔hold不住他。

是的，我认为第一个笑话更有趣。不过，就算是第一个笑话也不是很搞笑。

4. c）没错，酸橙果冻是活的！当然，这是仪器显示出来的结果。加拿大安大略省的艾德里·安厄普顿发现，其实这个果冻的晃动是受到了隔壁房间传来的噪音的影响。所以说，如果你选择b）的话也可以得到0.5分。

5. c）你如果选择了a）或b）的话也能得到1分，我希望让你开心一些。学龄前儿童在自己老师发生意外时都会大笑出来。如果你的老师踩在一条鱼上滑了一个跟头，一头扎进满是蛆虫的桶里，你会笑吗？

既然说到尖叫，下一章一定能让你发出尖叫。你会极度喜欢上动物，而那些恶作剧会让你在与自己的猫咪或其他动物交朋友的时候发出号叫的（这还算是好的）……

邪恶的野生动物实验

啊！广阔的大自然！深吸一口气，你是否能感受到清新的空气和一些并不十分美好的东西，比如臭烘烘的粪便和数百万只疯狂的蚊子发出的嗡嗡声。好吧，我只能说大自然就是自然而然的环境，对于动物来说，大自然就是它们的家园。让我们走出屋门，去拜访一下我们毛茸茸的朋友们，不过希望它们别咬得太狠……

有谁看到我的那套盔甲了？

恐怖小鬼——喷水小坏蛋

你也许认为鱼类只是长着鳍的无趣的小东西，它们只会随波逐流，吐些泡泡。的确如此，不过有些鱼真的很牛。本生先生马上就要亲自近距离接触一种最有型、最有趣、最"有鳍"的鱼。

糟糕镇宠物店推荐……

射水鱼

这是一种超乎想象的鱼类，它能用喷出的水柱击落昆虫，一定能让你几个小时都开开心心！

参观宠物店……

买几条射水鱼吧！求您了！

哦，那好吧。

回到学校……

嗯——你这个喷水小坏蛋！

如何成为神射手

作者：克洛伊

我需要：

如何制作苍蝇靶子
细线穿过卡片上的小孔 ← 细线结   画有苍蝇的小卡片

▶ 一条细线，90厘米长

▶ 一根小棍

▶ 一只玩具苍蝇，自己在1.5平方厘米的卡片上画一只也行，然后剪下来

▶ 一个朋友

▶ 卷尺

▶ 一把水枪，或者在一个干净的空瓶子中灌满水也行

我的做法：

1．把线的一头拴在小棍上，另一头拴住玩具苍蝇。

2．请汉娜帮我拿着棍子。

3．测量出离苍蝇2米远的位置，然后试着从这里用水射中它。以前我认为这个不会太难，因为射水鱼都能办到。

呀！

2米

喷射

哎呀——糟糕，我误中了汉娜！

我的发现：

1．我和汉娜轮流做这个实验，把屋子都弄湿了，这时我们才想起来应该在室外做这个实验。好吧，反正地毯早晚会变干的。

2. 想要射中苍蝇真的很难，即使它离我们很近而且不动的时候也很难。我很奇怪射水鱼是怎么办到的？

实验背后的科学

1. 射水鱼大多生活在印度洋到太平洋一带的热带沿海以及江河中，主要以水生小昆虫为食，但它们也能射出水柱，将 2 米外的虫子击落水中。

2. 这种能够快速射击的鱼类可以用鳃鼓动水流，然后沿着舌头与口腔上壁组成的管子喷出。幼小的射水鱼并不是好射手，但常言道："只要功夫深，铁杵磨成针。"

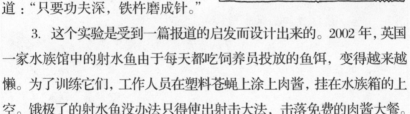

这是我今天击落的第三只了！

干得好，西德尼！

3. 这个实验是受到一篇报道的启发而设计出来的。2002 年，英国一家水族馆中的射水鱼由于每天都吃饲养员投放的鱼饵，变得越来越懒。为了训练它们，工作人员在塑料苍蝇上涂上肉酱，挂在水族箱的上空。饿极了的射水鱼没办法只得使出射击大法，击落免费的肉酱大餐。

恐怖小鬼——喵星人

动物爱好者克洛伊梦想着用猫语聊天……

喵！喵！*

呼噜！呼噜！**

吱吱！吱吱！***

翻译：*早上好，镰刀爪！**你好，克洛伊！***走远点儿！

如果你也有相同的梦想，下面的内容一定能给你个惊喜。猫的确能传递信息！如果你懂得这种沟通方式，你就能和你的猫咪交流。

和猫交朋友

作者：克洛伊

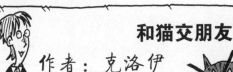

我需要：

▶ 一只猫咪（绝不能用镰刀爪）

▶ 一个线球

与你熟悉的猫咪交朋友——不要找野猫！

我的做法：

1. 选一只熟悉的猫咪。我不会尝试和陌生猫咪交朋友，因为它可能像逃脱牢笼的狮子一样凶猛。

2. 刚刚接触时，我应该像猫一样把尾巴竖起来。可我并没有尾巴，好在不翘尾巴对猫咪来说是友好的表示。

3. 我将手脚蜷缩起来，同时小声地"喵喵"叫。

4. 然后我和猫咪蹭蹭脸。

5. 我躺下来滚动身体，把腿脚伸到空中晃动，这在猫咪的语言中是"来一起玩儿"的意思。

滚动 滚动

6. 可猫咪只是盯着我看，没有过来。于是，我四肢着地趴在地上，晃动屁股。这是"来一起玩儿"的另一种表达。

这孩子有些不对劲！

我的发现：

当我做到第6步的时候，这只猫咪决定和我一起玩了。我舞动着线绳，和它在家具间追逐嬉戏。我发出咕噜声来告诉它我很高兴。不久，线绳缠绕在家具之间，并且把老爸也缠绕进去了。他气坏了。我解释说我是在做科学作业，于是他表示要找本生先生好好谈谈……

实验背后的科学

1. 当然，猫咪并没有一套像人类那样的正式语言，但是它们会用行为动作来表达自己的状态和心情。

2. 它们也用气味来传递信息。每只猫都有自己独特的气味，如果你刻意想要与某只猫交朋友，你必须舔它的脸，闻它的屁股，留下它独有的气味样本。但即使是"变态实验"，这样做是不是也太过火了……

3. 猫界有很严格的等级制度（也许称之为呼噜制度更好），这决定了谁是猫王。如果两只猫见面后不能就等级问题达成共识，或者猫咪遇到其他动物的时候，它们就会采取行动来分出高下。但是，这种行动通常是两个"毛球"之间的互相吓唬而已。看看镰刀爪遇到开膛手时的样子吧……

镰刀爪轻摇尾巴来显示自己的凶悍……

镰刀爪竖起身上的毛让自己显得更大，咆哮着，然后伸出爪子发出吱吱声！

于是……

恐怖小鬼——闹逛的蜥蜴

壁虎能在墙壁上爬行，还能在天花板上闲逛，真是太神奇了。就像本生先生即将验证的那样：蜥蜴是真正的攀爬冠军！

在爬行动物馆

壁虎能爬上任何物体吗？

它们真的能！

噢！快把它拿走！

壁虎附着力大考验

作者：汉娜

我需要：

▶ 一条玩具蜥蜴（也可以用玩具鳄鱼）

▶ 一些蓝丁胶

▶ 钟表

▶ 一张桌子

这是我之前做的一只。

我的做法：

1. 在蜥蜴的四脚上分别贴一小块蓝丁胶，然后把它粘在墙上。记录下从粘好蜥蜴到它掉下来所用的时间。

2. 然后，重复这个实验。这次我把蜥蜴粘在桌子底下。

3. 重复第1步和第2步，不同的是所用的蓝丁胶块更小。

我的发现：

1. 我在蜥蜴脚下粘的蓝丁胶越少，蜥蜴掉下来得越快，而且粘在桌子底下的蜥蜴掉得更快。

2. 蜥蜴的表现不错，它在晚饭时一直趴在桌子下面。最后它掉在了贝丽尔阿姨的脚上。你可能也听到了她的惊叫声！

实验背后的科学

1. 重力会把趴在屋顶上的蜥蜴拉下来，摔到地板上。只有当蜥蜴脚趾的附着力大于重力时，蜥蜴才能趴在天花板上。很显然，壁虎能做到这点，否则每过两分钟就会有一只壁虎扑通一声掉进你的茶杯中。

可恶！又掉进去一只！

2. 壁虎喜欢温暖的环境，会花大量的时间捕食昆虫。虽然很多种类的壁虎在树上生活，但它们也能在你的屋子里安家。它们甚至只凭借一根脚趾就能倒挂在你家的天花板上。

3. 2002年，科学家们终于搞明白了为什么壁虎能在墙上爬行、能在天花板上穿行却不掉下来。这都是它们脚上细小绒毛的功劳。这些绒毛能让壁虎抓紧任何物体，甚至是光滑的玻璃。

恐怖小鬼——黑猩猩大明星

恐怖街小学来了一个新学生。黑猩猩"黑妞"转到本生先生的班里来参加一项关于猿类智力的实验。但是黑妞的到来让别的学生成了被耍的猴子……

糟糕镇日报

黑妞是黑猩猩明星

黑妞在恐怖街小学的一次科学实验中，战胜了一个班的学生。据54岁的本生先生说："黑妞也比其他学生更守纪律，并且我还不满54岁！"

孩子们烦透了这只猩猩。好在后来黑妞自毁形象，辜负了本生先生的盛赞，也毁掉了他养蚂蚁的大缸……

黑妞！你在干什么？

喷 喷

所以，黑妞不得不离开学校……这个事件至少给孩子们上了生动的一课，让他们知道了野生动物是如何使用工具觅食的……

像黑猩猩一样抓蚂蚁

作者：夏洛特

我需要：

▶ 一根柔韧的棍子
▶ 一个蚂蚁巢穴

有些种类的蚂蚁是危险动物。在你做这个实验前要问问大人的意见。

注意 危险

我的做法：

把小棍子插进蚂蚁穴里。

跟我来！

我的发现：

1．一些蚂蚁顺着棍子爬了上来。

2．我并没有把棍子放进嘴里，吃掉上面的蚂蚁。但黑猩猩们会这么做。

实验背后的科学

1．在蚂蚁还来不及咬黑猩猩的口腔和嘴唇前，黑猩猩便迅速地咽下它们。聪明的黑猩猩还会用石头砸开坚果。如果想喝些饮料，

它们就会咀嚼树叶吸出里面的水分，于是从树叶中挤出的清香的汁水便流进了它们的嘴里。

2. 下面是其他一些动物使用的工具：

▶ 聪明的海獭会用石头敲碎贝壳。

▶ 加拉帕戈斯群岛的旋木雀会用仙人掌的刺把树皮下的虫子挖出来吃。

▶ 埃及兀鹫会向鸵鸟蛋丢石头来弄碎它。

▶ 机灵的猩猩会用大树叶当雨伞。

▶ 受过训练的大象能用树枝给自己宽阔的后背挠痒痒。

▶ 还算聪明的人类会用工具进行一种称为"DIY"的活动。但他们对工具的使用往往是原始而笨拙的。

3. 所有这些动物都是从家庭成员那里学会如何使用工具的。这一点提醒了我——是谁教会黑妞从本生先生那里抓蚂蚁的？猜到了吗……是夏洛特吗？

恐怖小鬼——臭烘烘的臭鼬

但是不久……

菲特小姐没有注意到……

扭扭你的屁股！

这段舞真不错！

咪咪笑！

晃呀晃

教你跳臭鼬舞

作者：贝基

好闻的味道（到下一页看看臭鼬的臭液到底是个啥味道）。

我需要：

▶ 一盘空白磁带（不是空白的也没关系）

▶ 一个干净的空瓶子和一些水

▶ 一支记号笔，一张即时贴标签和一瓶香水

我的做法：

1. 我练过这支臭鼬舞。下面是菲特小姐的示范……

踩一下脚，然后弓起膝盖。 → 前后晃动身体。

朝你的敌人走去。 → 转过身来，然后抬起尾巴。

给你的敌人一次痛快的臭味浴！ ← 左右摇摆屁股。 ← 准备……稳住……发射！ ← 从肩膀处回望过去，瞄准目标。

2．学会舞蹈后，灌半瓶水，在标签上写上"臭鼬汁"，然后贴在瓶子的侧壁上。

3．向水里喷10次香水，好让它变得有气味。

4．趁着跳舞的时候用瓶子喷水，就好像从身体后面喷出来一样。可是，我可怜的妈妈，她被我喷了个正着！

警告！不要在家里喷洒你的臭鼬汁，也绝不要在环境优雅的餐厅中使用！

实验背后的科学

1．臭鼬生活在北美洲。当它遇到比自己大的对手时，就会跳这支臭鼬舞来吓走对方。如果舞蹈不起作用，臭鼬就会从尾巴旁的臭液腺里喷出恶臭的液体，一般喷射距离为5米。

2．味道很重的臭液里含有一种叫作丁硫醇的恶臭物质，这种物质被认为是世界上最臭的东西之一。你闻到它就有可能呕吐，如果它不小心进入你的眼睛，你会暂时失明。这种臭味非常强烈，以至于你在1600米外都能闻到它；如果衣服上面沾到这种臭味，要挂一整年才会散掉。你想做深呼吸了，是吗？

3．在北美洲有一个去除臭鼬恶臭的传统方法：在西红柿酱里泡个澡！

这下吃薯片不用担心蘸料不够了！

恐怖小鬼——"如狗相随"

狗狗的嗅觉比人的嗅觉要好，虽然它们闻起来不如你的味道好！瞧，山姆马上就能发现狗狗的超级鼻子有多强大。你要知道，他把学校午餐里一些难吃死了的肝藏在了鞋子里……

狗的嗅觉真的这么好吗？你的狗是如何通过鼻子闻到新鲜事儿的？

狗狗嗅觉大考验

 作者：山姆 只可以用熟悉的狗！

我需要：

▶ 很多鞋子（能找多少找多少）

▶ 一些狗粮和一把勺子

▶ 我的狗狗（如果我没有狗我会用朋友家的狗，但我绝不会用一只脾气不好的狗来做这个实验。我还没有笨到无可救药的地步）

▶ 钟表

我的做法：

1. 狗狗该吃午饭了。我把鞋子散布在地板上，将一勺狗粮藏在其中一只鞋子里。

2．然后放狗狗进来。（做准备工作的时候可不能让它看见。）观察并等待着……看它用多长时间能找到狗粮。

我的发现：

1．除非我把鼻子探进鞋子里，否则我根本闻不到狗粮的味道。但狗狗似乎在走进房间的那一刻就闻到了狗粮的味道。

2．不一会儿它就找到了那只藏着食物的鞋子。

3．我忘了把狗狗吃剩下的狗粮倒出来，结果爸爸在穿鞋的时候……他可不喜欢这份惊喜。

你肯定不知道！

世界上现存大约有400多种狗，但它们都属于同一种动物，而且都是狼的后代。也就是说，如果你养了一只狗，就等于拥有一只毛茸茸的、饥饿难耐的、流着口水的狼趴在你的卧室里。你最好在它嗥叫之前喂饱它！

实验背后的科学

1．每一种动物都是由微小的活细胞构成的。大多数细胞都有特殊的功能，为整个机体服务。一只狗用来探测气味的细胞数量是人类的很多倍。

2．狗狗的超级嗅觉让它们轻而易举地就能闻到食物所在的方位。除此之外，狗狗也和很多其他动物一样——会用气味来传递信息。狗狗在路灯底座上又闻又尿，就是要用臭臭的味道告诉别的狗狗"我到此一游"。所以说，路灯底座相当于狗狗的信息栏。

3. 科学家们计算出，寻血猎犬嗅觉的灵敏度超过人类嗅觉的100万倍。这种超敏感的嗅觉能区分出你与你的兄弟姐妹的气味有什么不同。实际上，这种猎犬的超级鼻子更喜欢闻那些几天前的味道，因为新鲜的味道对它们来说实在是太浓太臭了。我猜臭烘烘的学校午餐简直能要了这些狗的命！

恶心小测验 3

希望本章中出现的毛茸茸的动物主角让你开心，也让你吃惊。准备一下，开始集中注意力回答几道关于动物的古怪问题吧！

在下面的叙述中，每句话都描述了一个真实的实验，但是涉及的动物名称却被隐藏了，用"小弟弟"来代替。你的任务是将后面动物的序号与实验一一对应起来。

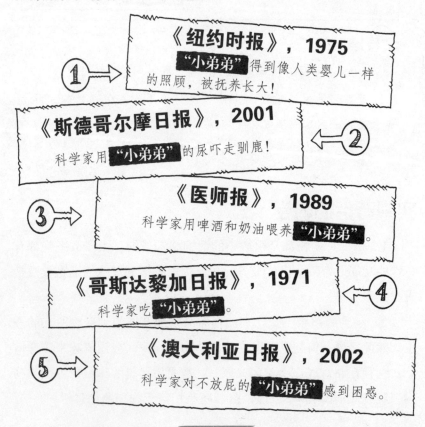

① 《纽约时报》，1975
"小弟弟"得到像人类婴儿一样的照顾，被抚养长大！

② 《斯德哥尔摩日报》，2001
科学家用"小弟弟"的尿吓走驯鹿！

③ 《医师报》，1989
科学家用啤酒和奶油喂养"小弟弟"。

④ 《哥斯达黎加日报》，1971
科学家吃"小弟弟"。

⑤ 《澳大利亚日报》，2002
科学家对不放屁的"小弟弟"感到困惑。

c）黑猩猩

a）袋 鼠

b）狼

d）蝌 蚪

e）水 蛭

答案

1. c）科学家教一只叫作宁姆的黑猩猩宝宝学习手语，这种手语是人类聋哑患者使用的。宁姆学会的手语不如人类婴儿多，但却比小孩子更淘气。它经常会把自己住的房间变成垃圾场，你是不是觉得它确实有些像你的小弟弟？但你的小弟弟可不会在吊灯上荡秋千，也不会朝你扔香蕉皮……也许他会……

2. b）科学家曾用狼尿阻止驯鹿在铁路上闲逛，以防出现血淋淋的交通事故，但这个方法并不奏效。于是瑞典铁路公司的老板们尝试用大喇叭播放音乐和对话。不知道他们是否播放驯鹿点播的歌曲？

下一首歌曲是鲁道夫的《红鼻子驯鹿》

啊啊，这是我点播的

3. e）外科医生在将被切断的手指或脚趾接回原位的手术中，吸血水蛭能让血液从受损的血管中不断流过，这可帮了医生的大忙。但如果水蛭不饿怎么办？按照传统做法，奶油能刺激水蛭的食欲，而啤酒能让情绪低落的水蛭变得生机

勃勃。但是，挪威科学家在水蛭吸食血液之前给它们喂了这些食物，他们发现……

► 喝了啤酒的水蛭都醉了（醉了的水蛭说："喷一定似搞厕了！"蚯蚓的醉话）。

► 喝了奶油后的水蛭也不比平时吃得更多。

这是凝固的奶油？

不，这是凝固的血液。我得先喝下2升啤酒才能清除掉这些玩意儿。

因此你该明白了：水蛭怕啤酒，还会在奶油里面喊救命！

4. d）1971年，科学家理查德说服了一群科学院的学生吃下蝌蚪，让他们尝尝是什么味道。他想了解那些用"鲜艳颜色"来恐吓大型动物的蝌蚪是否难吃（意思是说，比别的蝌蚪更难吃）。在实验中，学生们必须把滑溜溜的蝌蚪放进嘴里咀嚼40秒钟才能吐掉。也许你现在能想象到当时蝌蚪们的哀鸣（学生的哀鸣也一样恐怖）。殊不知，我们这些小学生长年累月地受折磨，被迫吃下青蛙卵泡（就是被称作西米露的东西），而且绝不允许吐出来！

5. a）2002年，澳大利亚昆士兰的科学家试图找到袋鼠比牛羊放屁少的原因。他们希望在袋鼠的肠胃中找到能阻止动物排放甲烷气体的细菌，或者其他减少甲烷气体排放的方式……

睿智研究人员倾力打造"响屁连天活化细菌"，大获成功！

这条头版标题怎么样？

提醒你一下，我们谈到的这种臭味气体是一些化学物质经过疯狂混合后产生的。非常烦人的巧合是，化学是我们下一疯狂章节中要讲的倒霉主题……

疯狂的化学实验

我们生活在一个充满着化学混合物的世界中，连我们自身也是许多化学混合物构成的。如果你听不懂我在说什么，你真的应该读读这一章，并且用你的双手沾上那些又湿又臭的化学混合物，做些实验……

通过把一些化学物质混来混去，你也许从此对化学不再迷茫。

恐怖小鬼——鼻涕胶时间

鼻涕胶与学校午餐的蛋羹之间有什么不同？

哦，也许你觉得它们是一样的——但所有的化学家都会告诉你这两者之间区别巨大：首先是颜色不同，其次是味道不同。鼻涕胶的味道会长时间地让人缓不过劲儿来，瞧，本生先生即将验证这一点……

如果你曾经想过制作一团邪恶的鼻涕胶，你算来对地方了。但是，绝不要把鼻涕胶给老师吃！

制造绿色"鼻涕胶"

作者：山姆

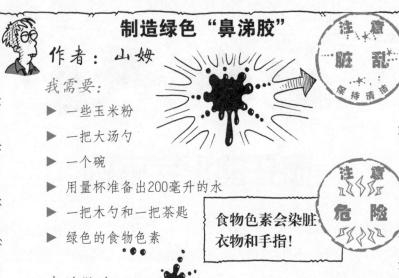

注意
脏乱
保持清洁

注意
危险

我需要：

▶ 一些玉米粉

▶ 一把大汤勺

▶ 一个碗

▶ 用量杯准备出200毫升的水

▶ 一把木勺和一把茶匙

▶ 绿色的食物色素

食物色素会染脏衣物和手指！

我的做法：

1．我在碗里盛了10大汤勺的玉米粉，一次加入50毫升的水，搅拌，直到做出黏稠的面糊为止。然后，用木勺继续搅拌这团混合物。

2．接着，加2茶匙色素进去，面糊呈现出外星小绿人的可爱颜色。我继续搅拌，直到颜色均匀。

3．现在，需要勇气的时刻到了……我把手插进混合物里，用力挤压。好恶心！真不敢相信我居然做到了！

往下流

我的发现：

这团东西真的很怪异！当我挤压它的时候，感觉它是固体的，我甚至能把它从碗里拿出来。但是，当我停止蹂躏它的时候，它却变得软塌塌的，开始从我的手指间流出，溜走，落到地板上。呀！这东西好像活了！或者，我真的是笨到家了？

实验背后的科学

1. 不，这团"鼻涕胶"当然不是活的！它之所以会这样，全都是由它包含的那些成分决定的。

2. 水是由微小的粒子组成的，这种粒子被称为"分子"。

虽然分子的英文（molecule）发音与"鼹鼠舔冰棍"（Mole lick cool）类似，但它与地下生活的瞎鼹鼠无关，和舔冰棍更是不搭界。

3. 现在想象一下，你的身体缩成了一个分子的大小。你会看到玉米粉的颗粒是由很多分子组成的小笼子。当水被加入玉米粉后，更大的颗粒便在水分子的海洋中漂浮。

4. 当你挤压混合物时，水分子会被压进颗粒中。

这让绿色的"鼻涕胶"不易变形。

5. 当你的手松开时，水分子又冒了出来！

恐怖小鬼——冻成冰

本生先生觉得寒冷的日子是讲解有关低温知识的好时机。但他得到的却是孩子们冷漠的回应……

好冷啊！我快冻僵了！
哆嗦
我们能回家吗？
颤抖
因为暖气坏掉了！

不行！我小的时候，要光脚走30多千米上学，除了一碗雪没有别的午餐，那才是真的冷呢！

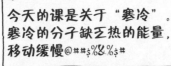

今天的课是关于"寒冷"。寒冷的分子缺乏热的能量，移动缓慢@#$%&%$#

被冻得无精打采

1小时后……

丁零零

下课！你们可以出去暖和一下了！

门被雪封住了……

向下滑

这个雪人挺像本生先生的！

"它"就是本生先生！

制作"冰冻本生先生"

作者：汉娜

我需要：

► 一支钢笔

► 一片大叶子

► 一把剪刀

► 一浅碗的水

► 电冰箱

注意
粗心导致割伤

注意
危险

冰能冻住你的皮肤！

我的做法：

1. 在叶子上画出人的轮廓来，看上去最好有点儿像本生先生。

2. 剪下这个人形，在上面画上本生先生的脸和衣服，这样它就和我的老师一样了。然后，我把"本生先生"浸泡到碗里的水中。

3. 把碗放进冰箱的冷冻室中。几个小时后再去解救"本生先生"（说是救，其实是让"本生先生"自己解冻）。

我的发现：

当我把"本生先生"取出冰箱时，他在碗里冻得硬邦邦的。等解冻以后，"本生先生"不仅变得比原来黑了，而且还低垂了下来。不骗你，我拿"本生先生"与剩下的那部分叶子做过对比。我是对的，"本生先生"的情况真的不妙！

实验背后的科学

1. 本生先生说的没错：寒冷真的缺乏热能……

2. 水分子平时总是焦躁不安地运动着，这有点儿像恐怖街小学的孩子们。但当它们处在寒冷之中时就会缺乏能量，运动要慢很多。这意味着，这些分子即使撞到了一起也不会弹开，于是分子便黏结在一起组成被称为水的"晶体"的固体结构。冰就是无数水的结晶体的集合物。

3. 冰既能做好事……　　　　　也能做坏事……

发现水的结晶体

鼻子冻僵了！

4. 虽然人体中 70% 左右都是水，但要把人给冻僵却非常难。因为人体内储存着热量，而且人体内大多数水分都和那些很难被冻结的物质混合在一起。

5. 如果人体真的冻僵了，细胞中就会产生冰晶，这些冰晶会把细胞撑破的。那片树叶剪影上发生的现象就是如此——冰晶会像饿熊闯进蜂蜜贮藏室一样肆无忌惮地破坏细胞。当人体解冻后，就会水淋淋的，如同那片树叶一样瘫软。哦，真恶心！

6. 叶片的内部结构很脆弱，当细胞被冰晶破坏后，叶片内部的绿色物质——叶绿素也被破坏了，所以叶片就变成了深色。

恐怖小鬼——轻功水上漂

水是让人惊奇的物质——它甚至有"皮肤"。真的吗？为了寻找真相，本生先生不惜弄湿自己，一头扎进了池塘……

孩子们在校园的池塘中抓虫子……

本生先生俯身贴近池塘……

这只虫子能在水面上行走！这是因为水有表面张力。

放大图　水分子　正面图　水分子连在一起组成一层水膜。这层膜足够撑起一只虫子。

但是，本生先生的身子过于倾斜了……

水的表面张力还没大到能撑起本生先生的重量！

升

通

咕咕咕咕!

哎呀!

让水顺着绳子滑行

作者:托马斯

注意 粗心导致 割伤

注意 脏乱 保持清洁

我需要:

▶ 一个装有500毫升水的量杯

▶ 两个朋友，其中一个要笨一点

▶ 90厘米长的绳子

▶ 卷尺

呃!

我的做法:

1. 首先，把绳子浸泡在水中。然后，把绳子的一端系在量杯的把手上。

2. 把绳子搭在量杯口上，让另一端从量杯杯嘴那里垂下来。

3. 我让内森坐在地板上，把量杯举到离他头顶40厘米高度的地方。

4. 另一个朋友山姆也坐在地板上，手拉绳子的一头。他需要坐在内森旁边，距离以正好够拉紧绳子为宜。

5. 我慢慢地倾斜量杯，让水从杯嘴流出来……

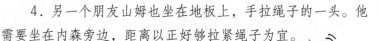

70厘米

倾斜

40厘米

咪咪傻笑的山姆

惴惴不安的内森

我的发现：

1. 当绳子被拉直并且接触到量杯嘴的时候，大部分水都顺着绳子直接浇在了山姆的头上！

2. 虽然我努力拿稳量杯，还是有水顺着绳子滴到了内森头上。

3. 朋友们让我去拉紧绳子，结果我也被浇湿了！

实验背后的科学

1. 水能顺着绳子流下去，一方面是因为重力在往下拉它，另一方面是因为表面张力使水滴汇聚在一起形成细小的水流。

2. 这个实验证明了表面张力的作用。每个水分子都是由两个氢原子和一个氧原子构成的。下面就是水分子的微观示意图：

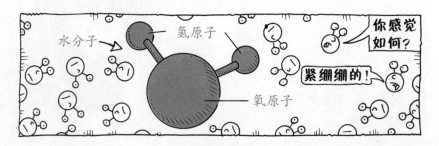

水分子　氢原子　你感觉如何？　紧绷绷的！　氧原子

当氧原子高高兴兴地拉着它的两个氢原子时，它还会拉拽其他水分子中的氢原子。这种彼此拉拽的力量不仅让水滴凝聚在一起，也有助于冰的形成（参见第65页）。

它们是我的！

不对，它们是我的——你已经有两个了！

3. 由于水的表面张力大于它所受的重力，所以水才不会稀里哗啦地洒在内森头上。

恐怖小鬼——被囚禁的水

一些科学就像魔法一样神奇……

橡皮筋和布片

太神奇了！没有水漏出来！

如果你试过这个，我相信你一定想让所有人知道。但要记住，做实验前你必须准备充分，否则水会一涌而出。看看本生先生在课堂上做这个实验时发生了什么吧！

哎呀，忘了缠橡皮筋了！

哗……

偷笑

为什么第一次做的时候水没有倒出来呢？也许你猜到了，秘密就藏在科学道理中。亲手做做这个实验，你肯定能找出其中的科学秘密来！

不会流出的水

作者：汉娜

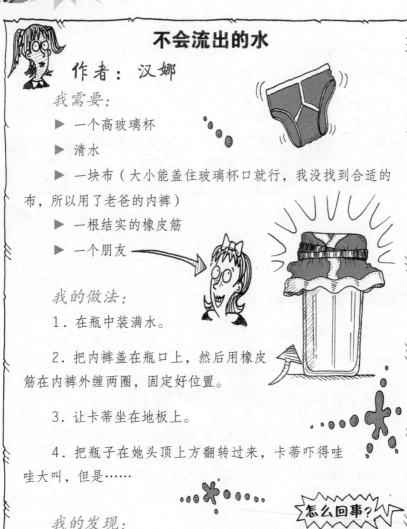

我需要：

▶ 一个高玻璃杯

▶ 清水

▶ 一块布（大小能盖住玻璃杯口就行，我没找到合适的布，所以用了老爸的内裤）

▶ 一根结实的橡皮筋

▶ 一个朋友

我的做法：

1. 在瓶中装满水。

2. 把内裤盖在瓶口上，然后用橡皮筋在内裤外缠两圈，固定好位置。

3. 让卡蒂坐在地板上。

4. 把瓶子在她头顶上方翻转过来，卡蒂吓得哇哇大叫，但是……

怎么回事？

我的发现：

水根本没有倒出来！不过，我老爸倒是为自己湿乎乎的内裤感到恼火……

实验背后的科学

1. 还记得表面张力吗？还记得那些"永结同心"的水分子连接在一起形成的表面张力吗？记得就好，水分子在这儿是在故技重演……

2. 布表面小孔中的水分子彼此连接，形成了表面张力。想象一下，5个手拉手的小孩想要一起挤过一道门的情形。他们不可能通过去，这就和水分子不能穿过布表面的小孔一样。只要水分子粘连在一起，它们就不会漏出，卡蒂也就不会被浇湿！

你肯定不知道！

一滴水中含有约16.7万亿亿个水分子。也就是说，在炎热的天气中，有不计其数的水分子会随着你的汗液流失掉。但是不用担心，你不会因失去这点儿水分而变干瘪的，因为在你的身体中，像这种又黏又湿的物质超过20升。

恐怖小鬼——泡沫趣事

真是渴坏了！

把汽水罐晃动几次，然后拉开拉环，你觉得接下来会发生什么？嘿，住手！先看看本生先生的体验再说……

罐子里究竟发生了什么才让泡沫飞溅的呢？有办法阻止吗？需要做个实验才能找到答案。不过，让我们先看看这个关于泡沫的趣事吧……

吱吱吱！

你肯定不知道！

汽水饮料发出的吱吱声来自于二氧化碳气体。二氧化碳气体事先被压入饮料，溶解在水中形成碳酸。大多数情况下，这些二氧化碳气体是以糖为食、被称为"酵母"的微生物制造出来的。也就是说，你钟爱的吱吱作响的饮料中冒出的气泡是这些微生物打的饱嗝。哈哈，听了以后你可不要打反胃嗝呀！

 ## 狙击泡沫
作者：詹姆士

注意
脏 乱
保持清洁

我需要：

▶ 一把木勺

▶ 两罐我最喜爱的汽水。我本想要6罐，说是做功课需要，可妈妈却用很奇怪的眼神瞪着我说：

我才不信呢！

我的做法：

1．我将第一罐晃动了5次，然后拉开拉环。"砰"的一声饮料喷得到处都是，把家里弄得黏糊糊、乱糟糟的。妈妈命令我住手，我才意识到我应该在屋子外面做这个实验。

2．我喝了第一罐中剩下的饮料，走出屋子，手拿第二罐饮料晃动了5次。但是这回，我用木勺的边缘在饮料罐开口处轻轻地敲击了10下后，才打开罐子。此时的气氛很紧张，狗狗俯下身子找掩体，弟弟急忙藏进了储物间……

我的发现：

什么都没发生！饮料只是冒了一些气泡，但一点儿都没有流出来。不过当我把饮料往嘴巴里灌的时候，还是洒了一些在衬衫上……

实验背后的科学

1．当你晃动饮料罐时，罐子里上部的空气和液体混合在一起，制造出气泡。

饮料罐的
X光照片 → 液体 → 震动 → 气泡

二氧化碳气体进入气泡。

2. 在气泡中，二氧化碳分子会逐渐扩散，使气泡变大。

3. 如果你打开被摇晃过的罐子，气泡会从饮料中爆裂出来，溅你一身。

4. 当你轻轻敲击罐子的时候，其实击碎了气泡，气体被释放出来重新溶解到饮料中。于是，你就能安心地享受饮料了。

真的，一点儿顾虑都不用有！

恶心小测验 4

现在，如果你不是满肚子气体、不停打嗝、被折腾得翻江倒海的话，就来看看这套比以往更可怕的小测验吧。

1. 身体的某个部位分泌的汗液中含有一种物质，这种物质被用来制作香水。它是哪个部位？

线索：那是两处凹陷的部位！

2. 1995年，瑞士科学家想用激光溶解哪种物质？

线索：在瑞士，这种物质上面有时候会满是小孔洞。

3. 美国魔术师大卫·布莱恩在2000年曾经生活在哪种物质中？

线索：你能在饮料中找到这种物质，但它并不流动！

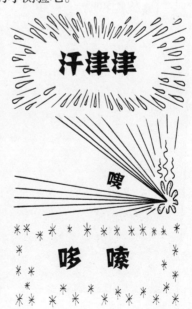

4. 科学家兰·费雪希望找到小姜饼最理想的湿润程度。于是，他沏了一杯茶。他这么做和饼干有什么关系？

线索：找一个与"锦袍"发音相似的词。

5. 2001年，美国科罗拉多州的巴克·韦默发明了一种新型内裤。据他本人介绍，他发明的新内裤不能用来干什么？

线索：鼻子是干什么用的？

答案

1. 腋窝。安德隆香水中含有的一种物质能让腋下的汗液有股麝香的味道。没准你还很乐意知道，腋窝汗液中的另一种物质闻起来很像牲畜的尿液，还有一种物质闻起来与膻味很重的公山羊让母山羊兴奋的味道很相似。

亲爱的小山羊比利！

哦……其实我的名字叫罗杰。

2. 奶酪。科学家们做了一道瑞士风味的热融干酪，是在奶酪融化的状态下吃的。这个实验不是很正式，但做完实验发出的气味却很浓烈。

3. 冰。他在一块冰中待了58小时，也就是大约两天半。这位魔术师通过管子获取空气和水，所以没有很大的生命危险。冰中封存的空气阻止了热量的快速散失，就像羽绒被一样。冰块内部就像冰屋一样温暖舒适，并不像你想象的那样糟糕……

4. 浸泡。科学家将饼干浸泡到茶水中，发现最佳的浸泡时间是由饼干上小孔的大小决定的。对小姜饼来说，浸泡

3秒最好，可是消化饼干要用8秒。顺便说一下，我认识的几位老师对这个实验结果持强烈的反对意见，因此你最好自己做一下试试……

　　5. 闻。

　　现在，纯粹出于娱乐一下的目的，我要讲一讲巴克·韦默和他难以置信的内裤，以及那句座右铭"为了你心爱的人们穿上它"。我敢打赌你会愿意耗尽毕生精力为自己寻找这条内裤。也许，给你的小弟弟、宠物狗或者奶奶穿上一条效果会更好……

自由自在地呼吸
挡得住所有气味
防臭内裤

每条防臭短裤的裆部都附有含碳的过滤层，这一巧妙的设计使臭味气体得以无臭地排出，因为碳分子能捕获住其中有臭味的气体分子，比如硫化氢。

富有弹性的侧边箍在腿上，可防止臭味泄漏

它们不是用来闻的！

　　我很高兴地告诉大家，巴克·韦默凭借这个无与伦比的发明赢得了"搞笑诺贝尔奖"。这个令世人瞩目的奖项由美国哈佛大学颁发，是专门授予另类科学的奖项，本书介绍的一些实验就取自其中。在领奖时，巴克还挥舞着防臭内裤为观众们唱了一首歌。

　　我确信你们会同意将我们美好的思绪带进下一个反胃的章节——关于纠结的物理学……

纠结的物理实验

物理学能让你患上"物理综合征"。它是一门"变态"的科学，涉及力、能量、电、磁、光、声音、热……我能说个没完没了。但是，如果我真讲那么多，估计你要花 20 年的时间来读这本书，而且还要找一辆大卡车才能把书从书店运到家里。因此，我概括地说一句：物理学讲述的是使宇宙正常运行的所有事情。你马上就会知道这么说是多么恰如其分……

恐怖小鬼——"力大无穷"的鸡蛋

鸡蛋里是什么？哦，里面就像是鸡宝宝的宇宙飞船——鸡宝宝会在里面生活成长，直到孵化。鸡蛋里面全是胶状的蛋黄和蛋白，这些都是鸡宝宝的食物。除此之外，鸡蛋还暗藏着惊人的科学秘密。它能承受住惊人的重量——本生先生这就表演给我们看……

本生先生放上去的书太多了!

我的鸡蛋哪儿去了?

你竟敢把我的鸡蛋弄碎!

听我解释啊!

咔嚓

在本生先生忙着躲"飞弹"的时候,我来向大家介绍下一个实验:它将向你展示鸡蛋为什么这样强大……山姆,看你的了!

小鸡蛋,大力士

作者:山姆

注意 脏乱 保持清洁

注意 粗心导致割伤

我需要:

▶ 一个鸡蛋包装盒和4个鸡蛋

▶ 剪刀和秤

▶ 一些厚重的书(它们最好是同样大小、同样页数的),我向同学们借了些科学课本

▶ 一支铅笔和一张纸

我的做法:

1. 把鸡蛋从包装盒中取出,放在安全的地方。

2. 剪掉盒盖,剪下两个鸡蛋托,然后剪掉盒子下面的支脚。最后,我从盒子底部把它们剪成两半。

这就是我完成裁剪工作后包装盒的样子。

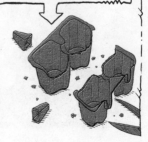

3. 分别在两个小盒中都装上鸡蛋,让鸡蛋的小头朝上,然后把它们对称地摆在桌上。

4. 接下来，我称出一本书的重量并且记录下来，把书平放在4个鸡蛋上。

5. 我在鸡蛋上面一本接一本地摞书，直到它们破碎为止。

我的发现：

1. 这4个鸡蛋支撑起了所有厚重的科学课本，我不得不又找内森借了几本。

2. 当鸡蛋破碎以后，蛋黄流到书上，淌得到处都是。不过这没什么，反正这些课本原来就脏兮兮的。

实验背后的科学

1. 一只鸡蛋的抗压能力是惊人的——它必须如此，否则无法保护在里面成长的可爱的鸡宝宝。

2. 鸡蛋的两端是圆的。当我把书放在鸡蛋上面时，鸡蛋顶端会受到向下的压力，但是圆弧面却能把所受的压力分散到鸡蛋的侧面上。这样一来，作用在鸡蛋顶端的压力就很小了——所以它不容易破裂……

3. 如果鸡蛋两端是平头的，那它就会脆弱很多。看看下面……

直接向下的力　　　　直接向下的力

平头蛋　　　　　　　圆头蛋

你肯定不知道！

一只鸡蛋

本生先生

圣保罗大教堂

这三者之间有什么共同点吗？不，他们不都是老古董。这只鸡蛋才几天大！但是，他们都有圆形的顶部，这使他们更结实。和圣保罗大教堂类似的许多建筑都拥有圆顶，人类的颅骨顶端也是圆形的。

找不同

蛋的顶端
本生先生的头顶

恐怖小鬼——空气纸炮

当本生先生在讲关于声音的科学课时，为了让学生们好好听讲，他不得不采取如此强烈刺激学生耳朵的方式……

天花板掉下来了……

声波真的很强大……

震撼之下的寂静

制作纸炮

作者：托马斯

注意
困难
实验技巧

注意
粗心导致
割伤

我需要：

▶ 剪刀

▶ 一张卡纸

▶ 一把尺子

▶ 一支铅笔

▶ 订书机

▶ 一张高品质的A4纸或者一张牛皮包装纸

我的做法：

1. 如图折叠纸张……

21厘米

1厘米

2. 沿距离折痕1厘米的地方剪开这张纸……

3. 把剪下的纸对折……

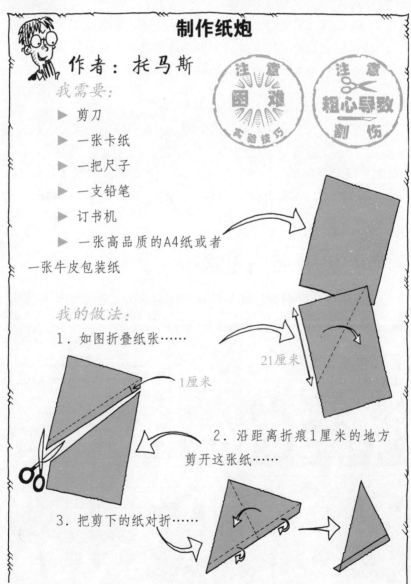

4. 按照图示的尺寸和形状剪一块三角形卡纸……

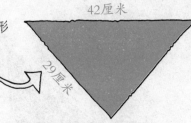

42厘米

29厘米

5. 如图折叠卡纸……

纸张在卡纸后面

订书针

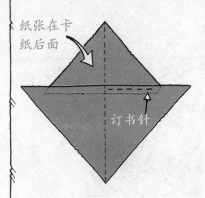

6. 中间折痕对齐，用订书机把纸张的一边与卡纸的一边订在一起。

7. 同样，我把另一边也订起来了。纸炮的背面是这个样子的……还是从正面订起来容易。如下图把纸炮折叠起来。它已经为发出"啪啪"声做好准备了！

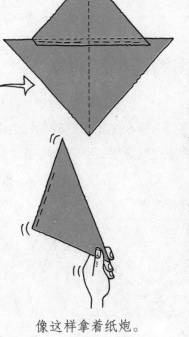

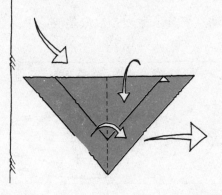

像这样拿着纸炮。

8．以最快的速度向下甩。

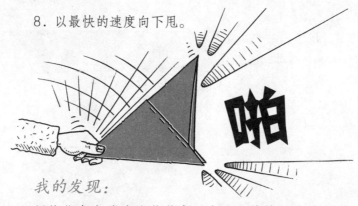

啪

我的发现：

纸炮能发出清脆的啪啪声！我的小妹妹因此跳起了1米多高，妈妈摔落了茶壶，鹦鹉从架子上掉下来，我则被停掉了零花钱用来赔偿那只茶壶。我告诉妈妈制作纸炮是我的科学作业，于是，本生先生成了妈妈责怪的目标。

啊，我要和这个本生先生好好谈谈！

实验背后的科学

1．当你向下甩纸炮时，由于速度很快，折进去的纸中兜住的空气来不及逃出。这些空气会向反方向推着纸，让它快速地弹开，造成空气突然震动，产生强而有力的声波。

2．声波在空气中传播，推动空气分子运动，就像是池塘中荡漾的水波。

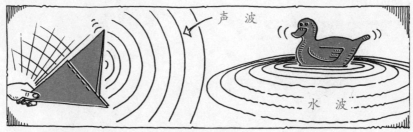

声波

水波

3. 你的耳朵就是为接受声波而设计的，而你的大脑赋予不同声波模式以不同的意义。哦，一般情况下是这样的……

我可欣赏不了这种噪声！

恐怖小鬼——生财有道

马特似乎总有大把的钞票。但是，这种总能拥有大笔金钱的秘密是什么呢？嘿嘿，原来马特知道一些能凭空赚钱的科学诡计。这些狡猾的技巧保证会对傻乎乎的家长和老师生效。

您有5元的钞票吗？ 哦，有啊……

5分钟以后……

谢谢！

这是怎样的秘密呢？想试试吗？当然，后果自负！

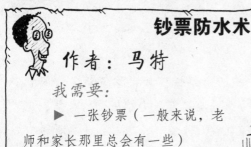

钞票防水术

作者：马特

我需要：

▶ 一张钞票（一般来说，老师和家长那里总会有一些）

▶ 一些蓝丁胶

▶ 一个玻璃杯

▶ 一个装满水的水槽

我的做法：

1. 我和本生先生打了个赌，赌注5元：我把钞票放到水下，并保证不让它变湿。

2. 我把钞票卷起来放到玻璃杯的底部，然后用蓝丁胶把钞票粘牢。

3. 接着，把玻璃杯倒过来按进水槽的水中。

我的发现：

钞票还是干的，我又多了5块钱的资产，哈哈！

实验背后的科学

1. 空气不仅占据了一定的空间，而且处在空气中的物体都会受到空气分子相互碰撞所产生的压力，它被称为"空气压力"。

2. 你也许感觉不到来自空气压力的挤压，这只是因为你的身体内部也有空气，而且身体里的空气压力和身体外的空气压力相同，互相抵消了，所以你完全感觉不到它的存在。

3. 玻璃杯中的空气压力足以阻止它倒扣进水中时水流进去。

你肯定不知道！

空气压力是生死攸关的大事情！如果你不穿宇航服就置身于宇宙空间，虽然那里没有空气压力挤压你的身体，但是你的肺部和内脏中的空气会产生空气压力。由于外界没有空气压力和你体内的空气压力相抵消，你的肺和内脏就会爆炸，留下一片狼藉。

恐怖小鬼——坑人的空气

空气压力是自行车正常工作的基本条件，本生先生马上就会现身说法的。而且，托马斯还利用空气压力和朋友开了个危险的玩笑。

轮胎瘪了，因为它内部的空气压力比外部的空气压力小。

本生先生让马特给轮胎打气……

打气使轮胎内部的空气压力大于外部的空气压力。

呼，呼，嘿，哈

打气

回家的路上……

咚咚锵！

碎玻璃瓶

啊？！

碎

本生先生的轮胎中没有空气压力了。

嗷嗷，呼呼！

推车

本生先生的轮胎"没气"得太容易了吧，哈哈！现在，托马斯会向你展示空气压力是如何帮助你用吸管喝饮料以及坑朋友的……

坑人的吸管和瓶子

作者：托马斯

我需要：

▶ 图钉

▶ 一根吸管

▶ 两个塑料瓶（大小都行）

▶ 水

▶ 两个朋友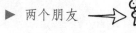

我的做法:

1. 我用图钉在吸管的两端各扎了一个孔。

2. 我在一个瓶子中灌上了水,并把吸管插了进去。

3. 利用图钉,我在另一个瓶子的底部扎了10个孔。我从这个瓶子的瓶口灌水,水从瓶底的孔中滴出。到现在为止,没有什么特别的……

4. 当这个瓶子灌满水后,我盖上瓶盖。

5. 我请詹姆士和马特来喝清凉的饮料。

我的发现:

1. 马特吸呀吸,就是无法用吸管从瓶子中吸到饮料。

2. 有孔的瓶子不再漏水了……直到詹姆士打开瓶盖时,它又漏出很多水,弄得詹姆士的裤子上全是水。

3. 马特和詹姆士气得开始追我。当他们逮到我后,二话不说便把他们剩下的饮料都浇到了我的头上。

实验背后的科学

1. 坑人吸管和坑人瓶子的"坑人"原理都源于空气压力……

2. 当你用吸管吸饮料时,管中的空气会先被吸到你的嘴里。接着,饮料上方的空气压力会向下挤压,压着饮料顺着吸管向上

进入你干渴的喉咙。换句话说，是空气压力完成了这个任务……

然而，坑人吸管上的小孔搅乱了这个过程。你越快地从吸管中吸气，就有越多的空气进入吸管里。只要吸管里有空气，里面的空气压力就不会下降，饮料表面的空气压力也就不能把饮料压进吸管。

3. 明白了吗？很好……现在讲讲那个瓶子，让我们看看美妙的力学是怎么工作的……

第68页讲过表面张力使水拥有一层弹性膜般的表面，它让水不易通过小孔流出。

4. 但是，当你打开瓶盖后，外界的空气便冲进瓶子，这个空气压力足以将水挤压出小孔。于是，你的袜子湿透了……

瓶盖挡住了外界的空气压力

瓶中的空气压力不足以大到能把水挤压出去

你肯定不知道！

你能用来吸水的吸管最长可以达到大约10米，不可能再长了，因为空气压力无法将水压得更高。即使是一头干渴的大象也不能从更长的吸管中吸出水来。

恐怖小鬼——面粉的力量

噢！我们错过了一个绝对精彩的实验：本生先生以前给孩子们表演过如何利用空气压力将面粉变成火山。

没关系，你随时可以做这个实验，只要保证你在屋外做就行——违者必究！

你肯定不知道！

真正的火山爆发是因为气体压力造成的。超热的气体在火山内部不断聚集，由于岩石堵住了火山口，使这些气体无法逃出。随着气体压力变得越来越大，最后大到冲开岩石，找到出路，而后就是……轰隆隆！

面粉火山

作者：马特

我需要：

► 一只气球

► 一个漏斗

► 一个朋友

► 一把大汤勺

► 一些面粉

我的做法：

1. 我在院子里做这个实验。妈妈说，要是我敢在屋子里做这个实验，就得在报纸上登广告找别人当我的父母了。这倒是个好主意！

2. 我反复地吹起气球，让它变得软塌塌的。

3. 然后，我再次吹气球，在开口处拧了几圈。

4. 我捏紧气球，防止空气泄漏，同时我的朋友托马斯把气球开口套在漏斗管上。

5. 托马斯向漏斗里加了4勺面粉。我的"炸弹"做好了大爆炸的准备！

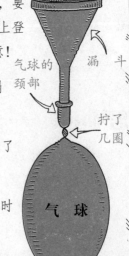

气球的颈部
漏斗
拧了几圈
气球

我的发现：

我高举漏斗，任由气球口松开。哇！面粉像火山一样喷了出来！我没想到猫咪会从边上走过。我希望它过来吗？好吧，我承认我希望它过来，不过它变成了一只白猫……哦，我是说一切还算正常。

实验背后的科学

1. 当你把一个气球吹大的同时，你也将空气灌了进去（为这个奇迹欢呼吧）。

2. 当你向气球吹气时，气球内的空气压力在不断地积累。不久，里面的空气压力就大于外面的空气压力了。

3. 气球内部的空气压力大到能让气球鼓胀起来，这就和第85页中本生先生的轮胎一样！

4. 然而气球富有弹性的橡胶表面会向内收缩，想把气体压出气球，外面的空气压力也挤压着气球。

5. 当你松开气球口时，这些力让气球向外喷气，而喷出的气体引发了面粉火山的爆发。

恐怖小鬼——让早餐飞

恐怖街小学有了新变化……

欢迎加入恐怖街小学
早餐俱乐部

与朋友一起享用早餐。

记得补你们的作业！

早餐俱乐部开门不利……

10秒钟后……

为什么本生先生吃早餐变成了一场战斗？这都是一种可怕的力量在搞鬼，你在下面这个让头发立起来的实验中能找到它……

让早餐飞扬

作者：詹姆士

注意
脏乱
保持清洁

我需要：

▶ 一把塑料勺子

▶ 肥大的毛衣或围巾（我本来想用猫咪的，但它看到我手持塑料勺子、蹑手蹑脚地靠近它时，便逃跑了）

▶ 一碗麦脆片（别加牛奶）

我的做法：

我将勺子的背面在毛衣上迅速地摩擦10次。然后拿着勺子，使它悬在麦脆片上方1厘米的地方。

我的发现：

麦脆片飞上了勺子——像中了魔法一样！我认为浪费掉那些在碗里的麦脆片是可耻的，所以我倒了一些牛奶进去吃得一干二净。接着，我又把这个实验重复了两次，当然又吃了两顿，确信每次都有相同的现象发生。

实验背后的科学

1. 为了能理解这个实验，你需要近距离地观察原子。

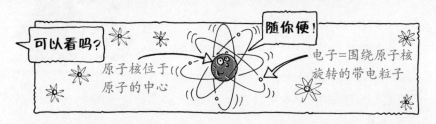

可以看吗？

随你便！

原子核位于原子的中心

电子=围绕原子核旋转的带电粒子

2. 电子和原子核互相吸引，这让原子成为一个整体。如果你想让自己更像一名科学家，你可以把这种引力称为电磁力。

3. 现在解释一下本生先生那飞扬的早餐。当本生先生在裤子上擦勺子的时候，他其实从上面蹭下了数十亿个电子。这些电子会拉拽麦脆片的原子，而且这些微小电子的力量足以把麦脆片拉到空中。这种让物体带电的现象被称为"静电"。

4. 出于同样的原理，你可以用勺子使猫咪的毛，或者你的头发竖起来。

恶心小测验 5

希望你对物理还没有烦透，因为进行古怪测验的时间到了，并且是关于物理学的！你能回答出这些古怪科学研究的结果吗？

编者的话：这些可怕的研究都是真实存在的，绝无编造！

1. 科学家曾研究过被树上掉下的椰子砸中的后果。

可能的结果……

a）科学家被椰子砸晕了

b）科学家发现从树上掉下的椰子能造成致命的伤害

c）科学家发现被落下的椰子砸中后头部剧痛无比

2. 科学家创造了魔法青蛙。

好帅哦！

可能的结果……

a）这只青蛙能在黑暗中发光

b）这只青蛙能在半空飘浮

c）这只青蛙卡在了科学家的冰箱中，需要6个彪形大汉才能把它拽出来

3. 科学家想知道为什么坐便器会崩塌，造成那些你根本不愿去想象的创伤。

可能的结果……

a）坐便器崩塌是因为体重过大的人坐了上去

b）坐便器崩塌是因为有些人喜欢坐在上面颠上颠下

c）坐便器崩塌是因为它们老化了

4. 科学家制作了一个仿真袋鼠进行碰撞测试，可能的结果……

a）仿真袋鼠蹦跳着躲开了撞过来的汽车

b）仿真袋鼠被撞坏了，完成了自己的使命

c）汽车撞毁了，但仿真袋鼠却完好无损，高高兴兴地跳走了

5. 科学家测量了打嗝冠军发出的嗝声的分贝，可能的结果……

a）嗝声太响了，把声音测量仪都弄坏了

b）这个嗝声与飞机起飞时的声音一样响

c）旁边一个孩子的嗝声比这个打嗝冠军的还要响

答案

1. b）答案就藏在椰子壳里。加拿大医生彼得·巴斯曾经在巴布亚新几内亚研究掉落的椰子所造成的伤害。这个研究是对比重力作用和人类球形颅骨强度的极好例子。彼得发现，正在下落的椰子的速度能达到80千米/小时。大多数椰子对人脑袋造成的伤害并不致命，但有时会让人变傻。

2. b）没错，我们生活在一个青蛙也能飞上天的时代。这都要感谢英国的安德烈·海姆和迈克尔·贝瑞爵士，他们用超强的磁体使一只青蛙磁化，并把它升到了空中。如果他们的磁体足够强，你也能被送到空中盘旋。

啊！飞翔蛙在吃我的飞翔草莓！

3. c）一群勇敢的苏格兰科学家研究了这个问题，认为坐便器年久老化是主要原因。呵呵，老旧的坐便器和年老的教师一样，都需要你谨慎对待，否则你会伤不起。换句话说，在你坐着的时候一定要照顾好你的小屁股！

4. b）2000年，澳大利亚的汽车制造商骄傲地展示了世界上第一个碰撞测试仿真袋鼠。（在澳大利亚，一些袋鼠会在高速行进的汽车前跑过，其中有数千只袋鼠丧命。）

5. b）2002年，打嗝冠军保罗·胡恩在伦敦科学博物馆里打了这个响嗝。遗憾的是，当时所有的报道都集中在现场紧张的气氛上，当保罗未能改写他自己创造的世界最响打嗝纪录的时候，招来了一片喧哗的骚动。嗯，对不起！

可怕的结尾

欢迎阅读这本书的结尾。我们将在恐怖街小学颁发"可怕的科学恐怖实验"奖项中的"最恐怖实验奖"……

获得三等奖的是……

加拿大多伦多大学和他们神奇的旋转屋中的旋转床。你可以躺在上面体验在外太空所感到的不适。一个勇于参与这个实验的电视节目主持人是这样描述的：

实验中，你的身体带给你最为可怕的感受，绝对，绝对，绝对是恶心！

获得二等奖的是……

一位苏格兰医生，他测试了人们是如何应对体能耗尽的……

招募志愿者

你要做到……

▶ 骑400千米的自行车

▶ 雨中划12小时独木舟

▶ 爬山

▶ 沿绳索从悬崖滑下

▶ 投掷松木棒（也就是说，不是苏格兰人的你也要扔大原木）

▶ 游泳横渡一个湖

之前 没有汗！

之后 狂流汗

所有这些任务需要在5天内完成，而且食物和睡眠时间有限。振作起来吧，为了科学！

想加入吗？可我唯一感兴趣的"马拉松"是马拉松式的自助比萨饼大餐！如果说荣获二等奖和三等奖的实验让人很难承受，那么一等奖的实验不仅人忍受不了，连熊也消受不起！一等奖授予了加拿大安大略省的发明家特洛伊和他惊人的防熊装甲外套……

你怕熊吗

有了这套神奇的盔甲你就不会再怕了

它完全防火（以防有的熊用火烧你）。它的其他装备包括：

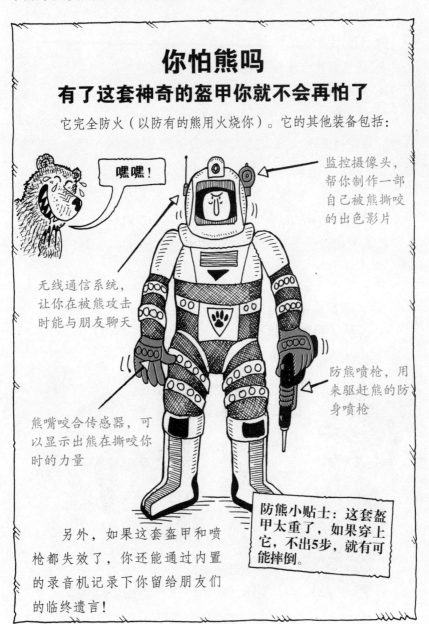

监控摄像头，帮你制作一部自己被熊撕咬的出色影片

嘿嘿！

无线通信系统，让你在被熊攻击时能与朋友聊天

防熊喷枪，用来驱赶熊的防身喷枪

熊嘴咬合传感器，可以显示出熊在撕咬你时的力量

另外，如果这套盔甲和喷枪都失效了，你还能通过内置的录音机记录下你留给朋友们的临终遗言！

防熊小贴士：这套盔甲太重了，如果穿上它，不出5步，就有可能摔倒。

特洛伊不仅把所有的钱都用在这身盔甲上，他还穿着它做了一些极为艰难的测试。他曾经……

▶ 让卡车从身上轧过 18 次

▶ 遭受步枪射击

▶ 遭受乱箭射击

▶ 被树干砸

▶ 被一群用大木棍武装起来的恶棍暴打

▶ 跳下悬崖（只有一次）

所有这些，在评委们看来都是科学的真谛所在——尝试恐怖的实验，冒着可笑的风险去发现更多的秘密，即使并不能找到更多。回过头来想一想，这也是这本书的内容所在。没有恐怖的实验，科学就会索然无味，缺少很多乐趣。

也许这只是我找的借口，但我坚持这个观点！

愿大家阅读《可怕的科学》，享受无比的快乐！

恐怖的实验训练营

现在看看
你是不是一个
实验达人！

血肉人体

你是一个有生命、能呼吸、随时等待派上用场的科学试验品。但你对自己的血肉之躯和聪慧大脑又了解多少呢?

1. 地球上生活着多少人? (不用费事去数那些死人了……那样做太麻烦了。)

2. 哪个器官会从你的血液中过滤出废水,形成尿液?

3. 你用哪些牙齿把肉成块地咬下?

"睡"拿了"窝"的假牙?!

4. 舌头能快速感受到哪 5 种味道?

5. 当你的鼻子被堵塞的时候,为什么任何东西尝起来都味同嚼蜡?

6. 你聪明大脑的哪一半是掌管感情和面部表情的?

7. 科学家们认为你的情绪主要有 6 种,说出它们的名字。

8. 通常来说，小孩子从几岁开始能意识到食物的味道有可能很恶心？

9. 你为什么不能掐班上的红头发女同学？

1. 70亿。

2. 肾。

3. 犬齿。

4. 甜、咸、酸、苦和鲜。

5. 那是因为当你的鼻子被堵塞时，你就不容易闻到食物的气味。你的嗅觉可以帮助你品尝食物的味道，而且嗅觉比味觉要灵敏很多。

6. 右脑。左脑更专注于事实和图像。

7. 惊讶、高兴、愤怒、悲伤、恐惧和恶心。

8. 3岁大时。在此之前，你能让他们吃下几乎所有的东西——但你别用脚指甲做实验，因为那很可能让他们生病，而你也会有大麻烦。

9. 很显然你不该掐任何人，但是研究表明：红发女孩比其他发色的女孩对疼痛更敏感。

顽皮的野生动物

虽然野生动物世界奇异又丰富多彩，但是千万不要在狮子、蛇和模样凶巴巴的猫咪身上做实验，除非你想失去一两根手指。还是回答下面这些问题比较靠谱。

1. 射水鱼是如何捕捉昆虫美餐一顿的？

a）它们跳出水面，在空中捕获昆虫

b）它们用又黏又长的舌头捕获昆虫

c）它们用鳃从嘴里射出水柱，把昆虫击落水中，然后大快朵颐

2. 下面哪个是猫咪见到你很高兴的表示？

a）它用脸颊蹭你

b）它滚来滚去，舞动爪子

c）它竖起身上的毛，让自己看上去更大些

3. 壁虎是如何做到紧贴在天花板上却不会掉下来的？

a）它们脚上有细小的毛，可以使它们附着在任何表面上

b）它们脚上有吸盘

c）它们的脚很黏

4. 有些动物会使用工具。下列选项中有 2 个是真的，有一个是假的，哪个是假的？

a）猩猩用大叶子当雨伞

b）睡鼠用花瓣做鞋子

c）大象用树枝在后背挠痒痒

5. 如果一只臭鼬把臭液喷到你身上，用什么方法能除掉臭味？

a）在西红柿酱中洗个澡

b）把超级香的香水喷在身上

c）用尿液洗你的衣服

6. 为什么狗要在路灯底座上撒尿？

a）因为它们实在找不到厕所，而且这样总比尿在人行道上礼貌很多

b）为了让别的狗知道自己就在周围

c）为了给路灯底座那里长的野草浇水

7. 为什么医生可能会让水蛭吸你的血？

a）为了清除你血液循环系统中的毒素

b）减轻你手术的疼痛

c）在将被切断的脚趾或手指接回原位时，帮助你的血液流通

8. 为什么袋鼠屁没有牛屁臭？

a）袋鼠的饮食更健康

b）袋鼠到处跳的时候，肠胃中的气体被分解了

c）袋鼠肠胃中的细菌将屁中臭烘烘的甲烷给分解了

答案

1. c）射水鱼喷出的水柱能达到2米远！如果池塘中生活着很多射水鱼，一座天然喷泉就诞生了。

2. a）和b）都是友好信号，但c）不是。如果猫咪把毛竖起来，你一定是做了让它生气的事情，最好在它把爪子刺进你身体前跑开。

3. a）也许毛茸茸的脚听起来很恶心，但是却非常有用！

4. b）据我们现在所知，这是假的。

5. a）臭鼬的臭味很难清除，希望这法子能管用……否则你一整年都会臭味缠身！

6. b）狗在路灯底座上撒尿是为了划分地盘，并让别的狗知道自己就在附近。这是狗涂鸦"我到此一游"的方式。

7. c）哇！

8. c）牛屁中的甲烷会污染环境，科学家们认为袋鼠体内的细菌有可能解决这个问题。他们正尝试着将这些细菌植入牛的肠胃，看它们在牛放屁前能否把甲烷分解掉。

疯狂的化学与纠结的物理

化学是关于物质组成的科学，物理是关于生活和宇宙万物的科学。奇妙而惊人的化学、物理学现象一直不断地被发现。在以下的叙述中，哪些是绝对正确的，哪些是错得离谱呢？

1. 你体内所含水分约有 10 升。

2. 腋窝分泌的汗液中有一种物质能使你吸引山羊。

3. 汽水饮料中的吱吱作响的气泡来自氧气。

4. 极大的噪音能让天花板掉下来。

5. 如果你不穿宇航服就进入太空，你的肺和内脏会爆炸，你也会死掉。

6. 如果鸡蛋的两端是平的，它们会很难破碎。

平头蛋　　　　　　　　圆头蛋

7. 被摩擦过的塑料蜘蛛能让你的头发竖立起来。

8. 一个叫仇·辟谷的人发明了防臭内裤。

答案

1. 错。实际上，你的体内有20多升水。你在商店一般买的都是500毫升的瓶装水，所以你体内含有的水分超过了40瓶！

2. 对。母山羊也许会通过你的气味判断你是一只富有魅力的公山羊，希望成为你的女朋友。

3. 错。这些气泡来自二氧化碳气体。

4. 对。声音的能量以波的形式传播，就像你看到的水波。如果你听过音乐会，你的身体就能感受到节奏的激荡，或者能感到地板的震动。如果某个噪声足够大，它会使建筑物晃动，引起严重的破坏！

5. 对。你可能没注意，但空气压力一直作用在你身上，而且你的体内也有相同大小的向外作用的压力。在太空中，没有空气来平衡你体内向外的压力，如果不穿宇航服，你就会爆炸！当然还有，你的血液会沸腾，你的身体会在背阴处冻结，或是在阳光下被烤熟。

6. 错。圆的顶端让鸡蛋更结实。圆弧面能把力量沿着鸡蛋的表面分散开，所以直接压在顶端的力就变小了。正是由于这个原因，你的头盖骨也有弧度，所以在被落下的椰子击中头部时，你不会伤得太惨。

7. 对。如果你在毛衣上摩擦一只塑料蜘蛛（或者塑料勺子，或者气球），然后把它放在头顶上方，你的头发就会竖立起来。这是因为摩擦使毛衣上的电子转移到了塑料蜘蛛上，使塑料蜘蛛带电，它会像磁铁一样吸引你的头发。

8. 错。他的名字叫作巴克·韦默。他曾经因为这项奇怪的发明获得了"搞笑诺贝尔奖"。在领奖时，他一边唱歌，一边挥舞着他的内裤给所有人看。